行政学叢書⑩

# 道路行政

武藤博己——[著]

東京大学出版会

Working Papers on Public Administration 10
Roads Administration
Hiromi MUTO
University of Tokyo Press, 2008
ISBN 978-4-13-034240-7

# 刊行にあたって

日本行政学会の創立以来、『行政学講座』（辻清明ほか編、東京大学出版会、一九七六年）と『講座　行政学』（有斐閣、一九九四―九五年）が刊行された。私が編集代表を務めた『講座　行政学』の出版からすでに十余年の歳月が徒過してしまった。『講座』の刊行を終えたらこれに続いて『行政学叢書』の編集企画に取り掛かるというのが、私の当初からの構想であった。しかしながら、諸般の事情が重なって、刊行の予定は大幅に遅れ、とうとう今日にまで至ってしまった。

しかし、この刊行の遅れは、考えようによってはかえって幸いであったのかもしれない。一九九五年以来ここ十余年における日本の政治・行政構造の変化にはまことに大きなものがあったからである。一九九三年には自民党が分裂し、一九五五年以来三八年間続いた自民党単独一党支配時代は幕を閉じ、連立政権時代に移行した。そして政治改革の流れの始まりとして衆議院議員選挙が中選挙区制から小選挙区比例代表並立制に改められ、政党助成金制度が導入された。また一九八〇年代以来の行政改革の流れの一環として行政手続法や情報公開法が制定された。第一次分権改革によって機関委任事務制度が全面廃止され、地方自治法を初め総計四七五本の関係法令が改正された。「小沢構想」が実現に移され、副大臣・大臣政務官制度や党首討論制度が導入され、政府委員制度が廃止された。「橋本行革」も法制化され、内閣機能の強化、中央省庁の再編成、独立行政法人・国立大学法人制度の導入、政策評価制度の導入が行なわれた。さらに、総選挙が政権公約（マニフェスト）を掲げて戦う選挙に変わった。そして小泉内閣の下では、道路公団等の民営化や郵政事業の民営化が進められ、「平成の市町村合併」も進められた。

その一方には、公務員制度改革のように、中途で頓挫し先送りにされている改革もあるものの、憲法に準ずる基本法制の多くに戦後改革以来の大改正が加えられたのであった。したがって、この『行政学叢書』の刊行が予定どおりに十余年前に始められていたとすれば、各巻の記述は刊行後すぐに時代遅れのものになってしまっていた可能性が高いのである。

このたび、往年の企画を蘇生させ、決意も新たにこの『行政学叢書』の刊行を開始するにあたって、これを構成する各巻の執筆者には、この十余年の日本の政治・行政構造の著しい変化を十分に踏まえ、その上で日本の行政または行政学の前途を展望した内容の書籍にしていただくことを強く要望している次第である。

この『行政学叢書』は、巻数も限られているため、行政学の対象分野を漏れなく包括したものにはなり得ない。むしろ戦略的なテーマに焦点を絞って行政学のフロンティアを開拓することを目的にしている。一口に行政学のフロンティアの開拓と言っても、これには研究の領域または対象を拡大しようとするものもあれば、新しい研究の方法または視角を導入しようとするものもあり得る。また特定の主題についてより深く探求し、これまでの定説を覆すような新しい知見を提示しようとするものも含まれ得る。そのいずれであれ、ひとりひとりの研究者の目下の最大の学問的な関心事について「新しいモノグラフ」を一冊の単行本にまとめ、これらを連続して世に問うことによって、日本の行政学の新たな跳躍の踏み台を提供することを企図している。そしてまた、この学問的な営みがこの国の政治・行政構造の現状認識と改革提言の進歩発展にいささかでも貢献できれば、この上ない幸せである。

二〇〇六年三月

編者　西尾　勝

# 道路行政　目次

## Ⅲ章●一般道の歴史

# はじめに――道路行政とは何か

道路行政とは何であろうか。いうまでもなく、道路を維持管理する行政である。では、道路とは何かという質問をするとすれば、多くの人々は自明のこととして、私たちが日常歩いたり車で走ったりする道を想定すると思う。国語辞典にも「人や車両の交通のために設けた地上の通路。みち。往来」[1]とされており、交通のための細長い土地を指している。もちろん、それはそれで正しい認識であるが、少し細かいことをいえば、多くの人々が利用している私道は道路であるかどうか、高速道路は自動車しか利用できないのに道路といえるか、農道は道路なのか等、道路とは何かという問いはそれほど自明ではない、ということに気づくと思う。

また、道路はどのように作られてきたのか、高速道路はどのように建設されてきたのか、日本道路公団の民営化はどのように行われたのか、その成果は何か、道路の財源はどうなっているのか、ガソリン税の一般財源化はどう考えればよいか、道路の維持管理はどのように行われているのか、道路の地方分権はどのように進められたのか、道路はどのように評価すべきか、道路と政治の関係はどう考えるべきか、等々の問題を考えると、道路についての興味は尽きない。本書では、こうした道路についての関心をさらに深めることができるよう、説明と議論を展開したいと考えている。

**道路の定義**

道路法

ところで、道路とは何かについて行政学の観点からもう少し詳しくみておきたい。道路とは何かと問われれば、まずは「道路」という語を直接法律に用いている「道路法」を参照しなければならない。道路法二条一項によれば、「この法律において『道路』とは、一般交通の用に供する道で次条各号に掲げるものをいい、トンネル、橋、渡船施設、道路用エレベーター等道路と一体となつてその効用を全うする施設又は工作物及び道路の附属物で当該道路に附属して設けられているものを含むものとする」とされ、三条には道路の種類として、高速自動車国道、一般国道、都道府県道、市町村道の四種類が示されている。ここでのポイントは、「一般交通の用に供する道」ということであるが、問題はこれらの道路を道路管理者（国、都道府県、市町村）が認定することによって道路法上の道路となることである。したがって、認定されない場合には、道路法の道路とはならない。逆にいえば、道路法の道路として認定されていない道路がいろいろと存在する。

道路運送法

比較的多くの人々に利用されるものの、道路法上の道路として認定されていない道路の例として、道路運送法の「自動車道」がある。同法二条八項によれば、「この法律で『自動車道』とは、専ら自動車の交通の用に供することを目的として設けられた道で道路法による道路以外のものをいい、『一般自動車道』とは、専用自動車道以外の自動車道をいい、『専用自動車道』とは、自動車運送事業者（自動車運送事業を経営する者をいう。以下同じ。）が専らその事業用自動車（自動車運送事業者がその自動車運送事業の用に供する自動車をいう。以下同じ。）の交通の用に供することを目的として設けた道をいう」とされている。すなわち、自動車道（一般自動車道と専用自動車道）とは、道路法以外の道路であり、一般自動車道は一般交通の用に供されるが、民間企業である自動車運送事業者が設置する有料道路である。これについては、第Ⅰ章で有料道路のひとつとして扱っているので、詳しくはそちらを参照してほしい。

### 道路交通法

また、道路という言葉を冠した法律として道路交通法がある。同法二条一項一号には、道路の定義として、「道路法第二条第一項に規定する道路、道路運送法第二条第八項に規定する自動車道及び一般交通の用に供するその他の場所をいう」とされている。すなわち、道路法および道路運送法の道路のほかに、「一般交通の用に供するその他の場所」とされていることから、道路交通法による道路の定義が最も広いということになる。[(2)] ただし、この法には具体的にどこがそれに相当するかの規定はない。

### 農道・林道

道路法が適用されず、一般交通の用に供されている場所としては、農道や林道が相当する。農道とは農業の用に供する道路であり、土地改良法で規定する土地改良施設として設置され管理される（土地改良法二条）。農地と集落、あるいは農地と農地との間等を連絡する道路で、農作業、農産物の運搬などを主たる目的として開設され管理されるものである。自治体や土地改良区等によって管理され、受益農家からは負担金が徴収される場合もある(3)。

また、林道とは、林業用の道路であるが、森林法や森林組合法によって規定され、林産物の搬出や森林の利用、開発、保全のため設置される道路である。森林法では、林道の開設に関する事項を農林水産大臣が定める全国森林計画および都道府県知事が定める地域森林計画に記載することとされている（森林法四条二項四号、五条二項五号）。実際に林道を設置・管理するのは、都道府県・市町村・森林組合であるが、そこには国庫補助の制度があり、一般補助林道と呼ばれている。このほか、二〇〇七年に談合で摘発された独立行政法人緑資源機構が設置する「緑資源幹線林道」がある。複数の自殺者を出した談合事件であり、まだ全容が解明されていないものの、林道整備の調査業務だけでなく、林道自体の工事や農地の整備についても談合の疑惑が指摘されている(4)。従来、特定森林地域開発林道（スーパー林道）と大規模林業圏開発林道（大規模林道）と呼ばれていたものが一本化されて、緑資源幹線林道となった。

農道も林道も道路を設置した当初の目的が農業や林業の振興であったが、その後に道路法上の道路と認定される場合もある。認定されない場合には、道路法の適用されない一般交通の用に供されている場所となる。

このほか、一般交通の用に供されている道路としては、漁港漁場整備法による漁港内の道路や自然公園法による公園道などがあり、道路法の適用されない道路である。

建築基準法の道路

道路法の道路ではないが、一般交通の用に供されている道路として、建築基準法で指定されるものがある。建築基準法四二条一項には「道路の定義」として、「幅員四メートル以上のもの」で、道路法による道路（一号）、都市計画法・土地区画整理法等の道路（二号）、「この章の規定が適用されるに至った際現に存在する道」（三号）、一号および二号の道路で「二年以内にその事業が執行される予定のものとして特定行政庁が指定したもの」（四号）、一号および二号以外のもので「政令で定める基準に適合する道で、これを築造しようとする者が特定行政庁からその位置の指定を受けたもの」（五号）が道路とされている。この五号の道路は「位置指定道路」と呼ばれている。

続いて、同条二項では、「この章の規定が適用されるに至った際現に建築物が立ち並んでいる幅員四メートル未満の道で、特定行政庁の指定したものは、前項の規定にかかわらず、同項の道路とみなし、その中心線からの水平距離二メートルの線をその道路の境界線とみなす。ただし、当該道がその中心線からの水平距離二メートル未満でがけ地、川、線路敷地その他これらに類するものに沿う場合においては、当該がけ地等の道の側の境界線及びその境界線から道の側に水平距離四メートルの線をその道路の境界線とみなす」と定められており、四メートル未満のものでも道路とみなす規定がある。ここから「みなし道路」と呼ばれたり、「二項道路」と呼ばれたりしているが、道路法の道路として認定されている場合もあれば、そうでない場合もある。認定されている場合であっても、こうした道路の中には、救急車・消防車等の緊急車両が通行できない狭隘な道路があり、狭隘道路問題といわれている。

私道

一般交通の用に供されている道路が道路法の道路として認定されている場合には市町村道となるが、道路法の道路として認定されていない場合も多々あり、それが私道である。私道を道路として規制する法律はない。しかしながら、右に述べたように、建築基準法では、建物を建築する際には、二メートル以上、道路に接しなければならないとされており、そのため敷地が接するべき道路を規定しているわけだが、建築基準法の道路として認定され、建物を建築できる敷地に接する道路として認められた私道が「位置指定道路」である。新たに開発された住宅団地内での道路の場合には「開発道路」と呼ばれ、幅員も六メートル以上の場合もある。こうした場合には、一般交通の用に供されている場合が多い。

ところが、四メートルに達しない道路も多々存在する。道路法の道路として認定されていない狭隘道路で、建築基準法が適用される以前から存在した道路に面して住宅が建ち並んでいる場合がある。この道路が「二項道路」として認定されている道路であり、将来のセットバックを前提として、適法な建築物とされている。こうした道路は、そこに居住する関係者が利用するだけで、一般交通の用に供されているとは言い難い場合が多い。

里道

里道（りどう、さとみち）とは、道路法の道路として認定された公道ではなく、また私人の管理する私道でもなく、一般交通の用に供される場合もある公共の土地であるが、それを規定する法律はないため、法定外公共物と呼ばれている。歴史的には、一八七三（明治六）年から開始される地租改正の過程で、地租が免除される土地として位置づけられた。その際、里道は赤い線で示され、赤道（あかみち）とか赤線（あかせん）と呼ばれた。ちなみに、水路（溝渠、排水路等の河川法の適用されない普通河川とされている）は青い線で示されたことから、青線（あおせん）・青道（あおみち）と呼ばれた。

一八七六（明治九）年の太政官達六〇号により、道路は国道・県道・里道の三種に分けられ、里道が制度的に位置づけられた。旧道路法でもこの制度が引き継がれ、戦後の新道路法によって里道のなかの主要な部分が市町村道として認定され、認定されなかったものが里道として残った。戦前は道路がすべて国の営造物であると観念されたため、里道の土地については国有地として扱われ、国有財産法の対象であった。戦後もその制度が引き継がれ、里道の機能の維持（機能管理）や境界確定・用途廃止（財産管理）などに関する管理業務は都道府県や市町村が行っていたものの、その売却収入は国庫に帰属した。ところが、これらの事務分担を明確に規定する法律はなく、曖昧なままにおかれていた。

こうした法定外公共物の管理は、市町村にとって負担となっていたことから、一九九五（平成七）

年設置の地方分権推進委員会で問題提起され、関係各省の間で対応が検討されていたが、現に機能を有している里道・水路等の法定外公共物については国から市町村に譲与する根拠規定が設けられた。すなわち、地方分権推進計画に基づく地方分権一括法が二〇〇〇（平成一二）年四月一日から施行され、それに伴い国有財産特別措置法の一部が改正され、法定外公共物のうち、現に機能を有している里道・水路等の法定外公共物について、国から市町村に簡易な手続きで譲与する規定が設けられた。市町村への譲与は、各市町村からの申請に基づいて進められ、二〇〇五（平成一七）年度末までに完了し、譲与されなかった法定外公共物は、一括して用途廃止され、財務省に引き継がれた。

以上のように、道路といっても法律によって道路の定義が異なっている。法律の目的が異なり、所管が縦割りとなっているからであるが、私たちの常識的な道路の観念と異なる場合があるので、注意する必要がある。

さて、本書で扱う道路とは、主として道路法の適用される道路である。ただし、厳密な意味で道路法の適用される道路に限定する必要はない。役所の道路担当部局であるなら、道路法の適用される道路だけを対象とすればよく、むしろ道路法の適用されない道路に介入することは越権行為となる場合があるため、厳しく抑制されることになるが、研究対象としての道路はその範囲に関してそうした問題は生じないため、社会的通念に基づく道路を本書の対象となる道路と捉えておきたい。

### 本書の構成

本書では、何かと話題に取り上げられてきた一般道路と高速道路の問題を検討することにしたい。Ⅰ章では、高速道路がどのように制度化され、どのように拡大されてきたのかを考察する。Ⅱ章では、二〇〇一年から始まった高速道路の民営化について、どのような経緯で民営化が始まったのか、その改革の内容は何か、そもそも民営化とは何を目指したのか、日本道路公団とは何だったのか等について検討する。

続いてⅢ章では、一般道路に視点を変えて、明治初期からの道路行政について考察する。その後、戦前に行われた道路行政に関する論争を紹介する。ここでは、戦前の道路行政の考え方が明確に理解できる。そして新道路法の制定にいたる経緯を検討する。Ⅳ章では、一般道路の管理について考察する。そもそも道路の管理とは何か、道路はどのように管理されているのか、道路行政の財源は何か、道路特定財源はどうすべきか、道路の計画や国道への昇格運動はどのように進められてきたのかを考察する。

最後のⅤ章では、道路行政の今日的問題を考察する。道路行政の地方分権について検討し、続いて道路の評価を考え、最後に道路と政治の問題を考察する。

# I章　高速道路——いかにつくられてきたか

二〇〇六年二月八日の新聞各紙は、「高速道路全線建設」「新直轄」「道路公団改革骨抜き」などの文字を並べて、国幹会議[1]での決定を報じた。日本経済新聞は、「改革の形骸化を示す道路計画の推進」という社説を掲げた。朝日新聞は、一面に「高速道、全線建設　税投入は計三兆円」という記事と三面に「小泉後へ、民営化骨抜き　第2名神、第2東名の整備『お墨付き』」という記事を掲載し、四日後の一二日に「高速道路　時計の針が戻っていく」という社説を掲げた。読売新聞は、「道路公団改革、骨抜き　整備計画は全線建設、国交省幹部『改革派を立てただけ』」という記事のほかに、「高速道路整備、財源見直しで前提が変わった」という社説を掲げた。他の新聞社も同様であった。

ここからわかるように、多くの新聞は国幹会議の決定を批判的に受け止めている。少し詳しくみてみると、日経新聞の社説では、国幹会議は「九三四二キロメートルのうち未整備の一二七六キロメートルの計画をはかり決定した。ごく一部は先送りになったものの、計画通りほぼすべて建設する方向が固まった」と述べている。九三四二キロとは整備計画で決定された路線であるが、そもそも整備計画とは何なのか、そのうち一二七六キロについてなぜ建設方式が未定だったのか、等については、記事には触れられていない。しかしながら、「無駄な道路を造らない」という道路公団改革と民営化の議論の末に、結局、「計画通りほぼすべて建設する方向が固まった」と批判的に述べられている。二〇〇二年六月に「道路関係四公団民営化推進委員会設置法」が成立して以来、小泉改革の中心課題の一つであった道路公団民営化と高速道路の建設論議は、ここでほぼ決着した。

「大山鳴動して鼠一匹」ということわざがあるが、税金を使った大山鳴動であったからには、鼠一匹の価値はどこにあるのか、それを確認する必要がある。(2) 本章と次章では、高速道路の道路行政を考察する。

## 1　高速道路とは何か

まずは高速道路とは何かについて検討しよう。道路法によれば、道路の種類として、高速自動車国道、一般国道、都道府県道、市町村道の四種類があげられている（三条）。ここには「高速道路」という用語はないが、どうも「高速自動車国道」のことを高速道路と考えてよいようだ。

ところがこの道路法では、高速自動車国道についてほとんど規定されておらず、「別に法律で定める」（三条の二）として、高速自動車国道法が定められている。道路法は高速道路以外の一般道路の法律であるようだ。

高速自動車国道法には、「高速自動車国道に関して、道路法に定めるもののほか、路線の指定、整備計画、管理、構造、保全等に関する事項を定め、もつて高速自動車国道の整備を図り、自動車交通の発達に寄与することを目的とする」（一条）と目的が示され、その四条には、「高速自動車国道の意義及び路線の指定」として、「高速自動車国道とは、自動車の高速交通の用に供する道路で、全国的な自動車交通網の枢要部分を構成し、かつ、政治・経済・文化上特に重要な地域を連絡するものその他国の利害に特に重大な関係を有するもの」とされ、(一)「国土開発幹線自動車道の予定路線のうちから政令でその路線を指定したもの」、(二)「前条第三項の規定により告示された予定路線のうちから政令でその路線を指定したもの」とされている。「前条第三項の規定」とは、「国土交通大臣は、政令で定めるところにより、内閣の議を経て、高速自動車国道として建設すべき道路の予定路線を定める」という同条一項の予定路線を告示するという規定であるから、高速自動車国道の予定路線のうちから政令で指定されたもの、という意味になる。後に述べるように、この二つは性格の異なる高速道路であり、政治主導と行政主導の二つの高速道路が当初の段階では競合していた。

高速自動車国道法によれば、高速自動車国道の要件とは、①「自動車の高速交通の用に供する道路」であること、②「全国的な自動車交通網の枢要部分を構成し」、かつ、③「政治・経済・文化上特に重要な地域を連絡するものその他国の利害に特に重大な関係を有するもの」であるとされている。①は形式要件であるが、②および③は実質的な意味をもち、これらの要素を満たしていないと高速道路ではないことになる。

高速道路とは、前述のごとく、（一）国土開発幹線自動車道の予定路線と（二）高速自動車国道の予定路線との両者から政令で指定したものである。現在（二〇〇八年）の状況は、（一）の国土開発幹線自動車道は法律で定められており、予定路線は一万一五二〇キロであるが、基本計画の決定が行われているのは一万六〇七キロであり、さらに国幹会議の議を経て路線の指定が行われ、整備計画の決定まで至っているものが九三四二キロである。ここでようやく「九三四二キロ」というしばしば引き合いに出される数字の意味が判明したことになる。（二）の高速自動車国道法に基づく予定路線は、新東京国際空港線・関西国際空港線・関門自動車道・沖縄自動車道の四路線七七キロである。二種類あるとはいえ、（一）が圧倒的であり、（二）はわずかである。ここから読み取れることは、国土開発幹線自動車建設法と高速自動車国道法とは、同じもののようだが、実は異なる趣旨の高速道路であり、しかも延長という意味では前者がきわめて重要であることがわかる。すなわち、高速道路を理解するためには、国幹道を理解しなければならない。まずは、（一）の国幹道からみてみるが、その背後には、なぜ二種類の高速道路が法律で定められたのか、という疑問がある。

### 国土開発縦貫自動車道建設法

国土開発幹線自動車道建設法は、制定当初、国土開発縦貫自動車道建設法という名称であった。すなわち、「幹線自動車道」ではなく、「縦貫自動車道」であった。縦貫とは、「国土を縦貫する」という意味であり、日本列島を南北に貫くという意味で使われている。この国土開発縦貫自動車道建設法は一九五七（昭和三二）年三月に国会で可決され制定された。

この法案はその二年前の一九五五年に四三〇名の議員から提案されて審議が開始されたものであった。当時の衆議院議員定数は四六七名だったことを考えると、圧倒的多数の衆議院議員が提案者に加わったことがわかる。その結果、当然のことであるが、衆議院では可決された（第二二回国会、一九五五年七月二八日）が、参議院では問題点が指摘され継続審議とされた。その後、修正の上、可決された（第二四回国会、一九五六年三月七日）ため、国会法八三条の四の規定により衆議院に送付された。衆議院でも再び修正のうえ可決され（第二六回国会、一九五七年三月五日）、再度参議院に送付され、そこでようやく可決（一九五七年三月二九日）され法律として成立した。

**法案の内容**

この法律は、第一条の目的で、「国土の普遍的開発をはかり、画期的な産業の立地振興及び国民生活領域の拡大を期するとともに、産業発展の不可欠の基盤たる高速自動車交通網を新たに形成させるため、国土を縦貫する高速幹線自動車道を開設し、及びこれと関連して新都市及び新農村の建設等を促進すること」とされている通り、国土の開発を目的としたものである。すなわち、現に存在する道路交通需要に対応することではなく、将来の開発を期待して道路を建設することである。また、この道路は有料道路を前提としており、そのため法案の三条の定義でも道路運送法[3]の「自動車道」と「一般有料道路」をかかげており、しかも「国以外の者に対し、一般有料道路の建設を免許することができる」とされている。

法案の趣旨は次の五点に要約できる。(4) 第一に、国土を縦貫する高速幹線自動車道を開設しようとすること、である。その規模は、北海道より九州に至る延長約三〇〇〇キロであり、国土の重要地域を最短距離、最短時間で結ぶとともに、既開発および未開発の地域を貫通させる。これを二〇ヵ年計画により完成することを期している。また、この高速幹線自動車道は、もっぱら「自動車の交通の用に供する道」としての自動車道であり、「一般交通に供する道」たる一般道路とは異なる。自動車交通は、平均時速二〇キロないし四〇キロだが、この道路は三倍の時速六〇キロないし一二〇キロの高速で走ることができると説明された。

第二に、この高速幹線自動車道を幹線として、これに接続する主要な道路または一般自動車道、合計延長約二五〇〇キロの整備を促進し、高速自動車交通網を新たに形成しようとするものであり、陸上交通上、従来の道路網および鉄道網に加えて、いわば「第三陸上交通路」たる高速自動車交通網の確立を構想している。

第三に、この新たな高速自動車交通網により、国土の普遍的開発、画期的な産業の立地振興および国民生活領域の拡大をはかろうとすることであり、法案を提出した「窮極にして最大の目的」であるという。これにより、地域的偏在である人口、産業施設の大都市地区への過集中、地方経済の貧困が逐次解消され、国土の普遍的開発が達成され、ここに、国内各地域がそれぞれ繁栄する真に民主的国家が育成されるのであるという。

第四に、これらの施策に要する経費は、国民経済規模の中において十分にまかない得るものであることを確信して提案しているという。すなわち、高速幹線自動車道の建設に要する経費は、年間約二〇〇億円ないし三〇〇億円で、この額は、たとえば政府の試算した「昭和四〇年迄の総合開発の構想」中で必要と認められている公共投融資の年平均額の六％程度であるから、総合的重点的財政投融資によってまかない得るものであるという。

第五に、国民の完全雇用を期するためには、大規模な就労対策事業の継続的実施が必要と考えるが、以上の事業は、その最も有効な事業であるという。

以上が国会における法案の趣旨説明であるが、具体的に法案に示された路線は、北海道自動車道、東北自動車道、中央自動車道、中国自動車道、四国自動車道、九州自動車道であった。このことから、日本列島の背骨である中央部分を通って、三〇〇〇キロで北海道から九州までを一本の幹線道路が縦貫するように走るという考え方であることがわかる。細長い国土と資源の制約を考慮すると、ある意味で合理的な考え方ではある。しかしながら、そこにはいくつかの重大な問題点が含まれていた。参議院での審議過程で指摘された問題は、次のような四点であった。

**法案の問題点**

第一に開発優先か、現実の交通需要への対応か、という問題である。細長い国土の中央を貫くということは、開発を主目的として山側を通過させるという考え方であり、法案は東海道ではなく、中央道を選択しているのである。ところが、現実の交通問題への対応という観点からは、東海道の拡充が重要であって、中央道を建設してそこに多くの交通が流れるようにすれば、東海道の高速道路は不要になるという発想は現実的とは言い難い。

第二に、建設費用と技術の観点からも問題が指摘された。日本列島の中央部、すなわち山側を通すということは、建設費用がかさみ、高度な道路技術が必要とされる。法案は開発のための道路を選択していることは明らかであるが、それが本当に望ましいか、という疑問が提示された。

第三に、所管の問題である。議員立法であったこともあり、所管について十分に詰められていなかった。前述の趣旨説明でも「一般自動車道」という言葉が使われていたが、これは道路運送法に規定される有料道路としての一般自動車道である。もし一般自動車道で建設するとなれば、所管は運輸省となり、道路を所管する建設省とは異なることになる。有料道路として建設しなければ、財源が捻出できないという前提から、当時の既存の制度である一般自動車道を利用しようと考えたと予想できる。

法案では、国土開発縦貫自動車道の定義に関連して道路運送法の定義を引用していたが、これを修正して、「この法律で『自動車道』とは、自動車（道路運送車両法第二条第二項に規定する自動車をいう。）のみの一般交通の用に供することを目的として設けられた道をいう」（二条）と規定され、「自動車道」という概念が用いられることになった。すなわち、「国土開発縦貫自動車道」という概念であり、法案の三条には「国土を縦貫する高速幹線自動車道として国において建設すべき自動車道の予定路線は、別に法律で定める」と規定された。所管を建設省に戻すための規定と考えてよい。

第四に、予定路線、すなわち予定通過地点を法律で定めることの妥当性が問われた。法律で定めるということは、路線の確定性が高まるということであるが、交通量が十分に見込めるかどうか等、十分な調査をした上で決めるのがよいのではないか、という批判である。この点については、「路線の決定に当り、本法の目的達成を阻害するおそれあるときは、第三条別記記載の経過地点については弾力性を持たせ得ること」という付帯決議が参議院で採用され、予定路線の別表記載は了承され、参議院では可決され、衆議院に送られた。

ところが、衆議院での審議に時間がとられ、一九五七年二月になって衆議院で可決されることになるが、高速道路の建設準備が進み、小牧市付近〜吹田市間について実施設計が完了し、すでに一九五七年度予算で予算措置がとられ、その予算の成立に伴い、同年四月より着工できる段階に至っていた。そのため、この区間を法律の三条に規定する手続きは必要がないばかりでなく、むしろそのような手続きをとるとすれば、一九五七年度における予算執行は逆に困難となるおそれがあるということになってしまった。そこで、予定路線のうち、小牧市付近より吹田市に至る区間については、この法律で定めることとし、四月より直ちに事業に着工できるようにするための修正が行われた。

法律がなくても計画が進められてしまうということに問題があろうが、逆にいえば国会とは別のところで、すなわち行政府の内部で、高速道路の建設が練られていたということになる。最初に着工されたこの区間は、後に名神高速と呼ばれる区間であり、一九六三年に尼崎〜栗東間の七一・一キロが開通し、一九六五年には全線開通した最も進捗の早かった路線である。また、この法でいう縦貫道とは開発のための道路であるが、この区間は現実の東海道が通っている区間でもあることから、開発道路という位置づけではなく、高速自動車道としての重要性から計画が進められていた。それを支えたものが、高速自動車国道法であり、日本道路公団法であった。実は、高速自動車国道法は第二六回国会で国土開発縦貫自動車建設法の審議と同時に進められたが、後者は議員提案あり、継続審議となっていたことから、後者を先に可決することを国会が求めていた。そのため、高速自動車国道法は国土開発縦貫自動車建設法に少し遅れて衆議院では一九五七年四月一二日、参議院では四月一九日に可決された。

### 高速自動車国道法

高速自動車国道法は、国土開発縦貫自動車建設法が議員提案として提出された後の審議過程で、開発道路と高速自動車道との関係が不明確だという指摘を受け、政府としてその関係を整理しようとして立案されたものであった。

前述したように、高速自動車国道とは、(一)国土開発縦貫自動車道の予定路線のうちから政令で指定したものと(二)高速自動車国道の予定路線のうちから政令で指定したものである。後者は、開発目的ではない高速自動車国道として路線を指定するものが拡大することを予想したものと考えられる。しかしながら、この規定に基づく指定はわずかであり、国土開発縦貫自動車建設法に基づく指定が圧倒的に多かった。国土開発縦貫自動車道を含むより広い概念としての高速自動車国道を構想したと思われるが、その構想を実現することはできず、国土開発縦貫自動車道に取り込まれる形となり、後に国土開発幹線自動車道に変更され、多くの路線がここに一本化されたような結果となった。

また、国土開発縦貫自動車道建設法と高速自動車国道法では、路線指定の手続きが異なっているが、それは前述の所管の問題と関連する。高速自動車国道法の路線指定は、「運輸大臣及び建設大臣」とされているのであるが、国土開発縦貫自動車道建設法では「内閣総理大臣」とされているのである。ところが、高速自動車国道法の当初の法案の付則には、参議院で審議中の国土開発縦貫自動車道建設法の修正、すなわち路線指定を内閣総理大臣から運輸大臣および建設大臣に修正する規定が入っていたが、それが提案後に問題とされ、政府は急きょ削除したため、委員会への付託が遅れたという経緯がある。国土開発縦貫自動車道建設法の衆議院議決が三月五日であり、高速自動車国道法の衆議院への提案が三月四日であった。その点について、建設大臣（南條徳男）は、同じ国会の衆議院で先に通過した法律の修正を行うことは望ましくないという考えで修正を取りやめたと答弁したものの、それでは、内閣総理大臣が基本計画を作成するための調査をするのか、総理府にそうした職員が存在するかという質問に対しては、建設省で作業することになると大臣が答え、それでは法律の規定と異なるのではないか、というやりとりがあった。質問者（瀬戸山三男）がなぜ修正を取りやめたのかと追及すると、大臣は質問者が承知している理由だからと説明せず、結局、公式の理由は不明である。とはいえ、議事録を読んで推測できることは、高速自動車道という将来の行政にとって大きな課題を運輸省と建設省が取り合い、国土開発縦貫自動車道建設法はその調整がつかず、内閣総理大臣とされたが、そこでは実質的には作業ができないことが明らかであるので、運輸大臣および建設大臣とされたものと思われる。

こうした議論はあったものの、国会議員としては大歓迎の法律であるため、委員会審議の最終段階では、自社両党からの賛成議論を受けて、「総員起立」の賛成で修正なしで可決され、同日の本会議でも可決され、参院でも問題なく可決された。

**有料道路制度**

国土開発縦貫自動車道建設法は、道路運送法の一般自動車道制度の利用を想定していたことは前に述べたが、高速自動車国道法は無料の部分も予定されていたものの、有料道路として建設することを前提としていた。そのため、道路整備特別措置法の改正が高速自動車国道法と一体として審議されてきた。すなわち、有料道路の制度が高速道路の不可欠な前提となっていた。ここで、有料道路の制度について、振り返っておきたい。

有料道路の制度は、一八七一(明治四)年一二月の太政官布告「治水修路架橋等運輸の便利を興す者に税金取立方許可に関する件」により、険路を開き橋梁を架ける等運輸の便利を図った私人に対して、所要経費の額に応じて一定年限の間、償還のための料金の取立てを認めたものであるが、これをもって有料道路の嚆矢《こうし》とするという(5)。

その後、一九一九(大正八)年の旧道路法においても、一八七一年の制度を引き継ぎ、私人または公共団体は道路管理者の許可を得て、あるいは特別の理由がある場合には、道路管理者はみずから有料の橋または渡船施設を設けることができることとされていた。

一九五二（昭和二七）年の新道路法は、旧道路法における有料道路法制を継続したものの、その考え方は旧道路法よりも縮小した制度として規定された。すなわち、道路は無料通行を原則とするものであるという考え方に立ち、都道府県または市町村のみが、「橋又は渡船施設の新設又は改築に要する費用の全部又は一部を償還するために、一定の期間を限り」、また「その通行者又は利用者が受ける利益をこえない範囲内」で、条例で定めて料金を徴収することができるとされた。したがって、従来は許されていた私人が有料橋や有料渡船施設を運営することは許されなくなった。さらに、通行または利用の範囲が地域的に限定されること、その通行者または利用者が著しく利益を受けること、費用の全額を地方債以外の財源をもって支弁することが著しく困難なものであること、という条件がつけられていた。

しかしながら、自動車が通行することを前提にした有料道路は、道路運送法においては許されていた。すなわち、一般自動車道と専用自動車道の制度であるが、道路法が制定された一九五二年の段階では道路運送法が前年の一九五一年に制定されていたため、有料道路の概念はむしろ道路運送法が主たる根拠法となっていた。

道路運送法（当時）は、「道路運送事業の適正な運営及び公正な競争を確保する」とともに、「道路運送の総合的な発達」を図ることを目的としており（一条）、「道路運送事業」とは、自動車運送事業、自動車道事業、自動車運送取扱事業および軽車両運送事業を指している（二条一項）。「自動車道事業」とは、「一般自動車道をもっぱら自動車の交通の用に供する事業」を指す（二条三項）。

また、「自動車道」とは、「もっぱら自動車の交通の用に供することを目的として設けられた道」をいい、「一般自動車道」と「専用自動車道」がある。一般自動車道とは、「専用自動車道以外の自動車道」をいい、「専用自動車道」とは、「自動車運送事業者がもっぱらその事業用自動車（自動車運送事業者がその自動車運送事業の用に供する自動車をいう。）の交通の用に供することを目的として設けた道」をいう（二条八項）。

自動車道事業の経営主体は、国、自治体のみならず、企業、団体、個人であってもよく、国において自動車道事業を経営しようとする場合には、運輸大臣および建設大臣の承認を、その他の者にあっては免許を受ける必要がある（四七条、七六条）。また、自動車道事業者は運輸大臣の認可を受けて、一般自動車道の使用について料金を徴収することができることとなっている（六一条）。

この制度の前身は、一九三一（昭和六）年の「自動車交通事業法」であるが、大正末期から昭和初頭にかけての自動車の増加、とりわけバス輸送の発達に伴って、バス業者の中には、自社のバス路線のため自動車道を開設し、また自社のバス運行以外に他の自動車から料金を徴収して通行させることを希望する事業者も現われたため、鉄道省立案の「自動車道事業法案」と内務省立案の「自動車専用道路法案」とが調整されて、「自動車交通事業法」が成立した。(6) この法においては、有料の一般自動車道と自動車運送業者の専用自動車道の二種類の道路が定められたのであるが、それらが道路運送法に引き継がれた。自動車道は営利を目的とする道路事業であり、公共道路とは別のものとして取り扱われていたが、経済の回復とともに、自動車の利用が拡大し、自動車通行が可能な道路が幅広く求められていた。そうした中で、国土開発縦貫自動車道建設法が議員提案され、そこにこの有料道路制度としての一般自動車道制度を利用するという考え方がとられたのであった。しかしながら、公共道路に関しても、有料道路の制度の必要性が認識されていた。

## 2 道路整備特別措置法

一般自動車道は所管が運輸大臣であるから、建設省としては使いづらい制度である。そこで、建設省として利用できる道路法の道路を対象とした有料道路制度が必要であった。すでに述べたように、道路法の有料道路制度は不十分である。むしろ、不十分でよかった理由は、道路法と同時に、新たな有料道路制度が提案されていたからであった。それが、一九五二年の「道路整備特別措置法」である。

この法律（当時）は、「通行又は利用について料金を徴収することができる道路を新設し、又は改築する場合の特別の措置を定め、もつて道路の整備を促進し、交通の利便を増進することを目的とする」（一条）とされており、道路法の道路を有料道路として建設するための法律である。

法律の主たる内容は、次の五点に要約できる。第一に、有料道路を新設しまたは改築することができる者は、建設大臣、都道府県知事および市長である。第二に、有料道路とすることができる道路は、通行者がその通行により著しく利益を受ける道路であること、原則として他に道路の通行の方法があって、その通行が余儀なくされるものでないこと等、一定の要件を備えたものに限ることである。第三に、料金徴収の対象となるのは原則として諸車および無軌条電車（トロリーバス）である。第四に、料金の額は、道路の通行者が通常受ける利益の限度内とし、その基準は政令で定めることである。そして第五は、建設大臣は、大蔵大臣と協議の上、都道府県または市に対して有料道路の費用の全部または一部を貸し付けることができる、という五点である。

この内容から判断できるように、従来の橋梁・渡船施設の有料制度を大きく踏み出す公共道路の有料化へと導くことになる法律であり、大蔵省資金運用部資金を活用し、その工事完成後に利用する自動車等から通行料金を徴収して、建設費の元利を償還するという新たな制度である。すなわち、財政投融資の制度を用いて有料道路を建設するという仕組みである。財政投融資については、本叢書の第二巻が詳しく説明しているので、ここでは触れるだけであるが、厚生年金、国民年金、郵便貯金、簡易保険などの公的資金を特殊法人に貸し出す仕組みである。ただし、この段階では有料道路の建設主体は政府であることから、特殊法人に対する本格的な財政投融資は日本道路公団の設置以降となる。当時は建設費をどう捻出するかが最大の問題であったことを考えると、巧みな方法であることは間違いない。したがって、「有料道路制度としてははじめての完備された法制」[7]という評価もある。

さて、国会審議においては、次のような反対論が展開された。すなわち、「公共道路は国民の日常生活と密接不可分の関係にあるから、国民が無料でこれを通行することは当然の権利であり、有料道路制度は国民の自由権の侵害である」という議論である。大臣の答弁は、臨時特例的な措置であって、道路行政の根本を変えるものではないこと、公共事業費の現状では道路整備の十分な進捗を期待しがたいこと、交通の重大な隘路として残っている箇所に限定すること、などの説明で、厳しい財政状況と道路改善の必要性を訴え、結果として衆議院では過半数の賛成を得た。参議院でも可決されたが、「本案は道路の無料公開を原則とする我が国道路の立法の精神に馳背《ママ》するものであるが、道路の現状に鑑みて止むを得ざる一時的の措置として、これが運用には長大橋、長大トンネルのごとく、集中的に巨額の工費を要するもの、或いは経済効果に富む産業道路並びに急施を要する観光道路等、いずれも国民が等しく要望するもので、而も短期間に料金徴収により、容易に収支の償う個所を厳選の上、適用することとし、新京浜国道のごときは、本法外において施行されたし」という付帯決議がつけられた。付帯決議がどこまで守られたのかは不明であるが、少なくとも「一時的の措置」であり、「容易に収支の償う個所を厳選の上、適用すること」などは守られなかったことが明らかである。

この法によって、道路の建設資金を資金運用部資金に求めることができるようになったが、一九五一年に制定された「資金運用部資金法」（二〇〇〇年からは「財政融資資金法」）に基づくものであり、戦後の財政投融資の出発点と呼べるものであった。「道路整備特別措置法」と同時に、「特定道路整備事業特別会計法」も制定された。この法律は、「道路整備特別措置法」に基づいて国が直轄で施行する有料道路の整備事業、自治体が有料道路を建設する事業にあたり、資金の貸付等に関する国の資金の経理を明確にするために、「特定道路整備事業特別会計」を設置し、その管理は建設大臣が行うものと定められた。

特定道路整備事業特別会計の資金は、大蔵大臣が管理する資金運用部特別会計から年六％の利率で借り入れた。借り入れた資金の額は、一九五二年度が二二億円、一九五三年度が一七億九〇〇〇万円、一九五四年度が二〇億円、一九五五年度が二五億円、一九五六年度が一億円であった。なお、一九五六年に金額が少なくなる理由は、日本道路公団が設置されて、有料道路の建設が直轄から公団へと大きく変化していくからである。

この資金の一部は、建設省が自ら国道を有料道路として整備するために支出され、他の部分は、都道府県道を整備するための資金として貸与された。建設省の直轄工事に使用された資金は金利が六％であって、その道路が完成した後に徴収される料金を特別会計の収入として受け入れることにより、回収することとしていた。料金徴収の事務を国が自ら行う場合と、国道の管理者である都道府県知事に委託する場合があった。直轄事業としては、関門国道や戸塚国道（神奈川県）など八事業が行われ、また貸付事業としては、濃尾大橋（愛知県・岐阜県）や湘南道路（神奈川県）、など二七事業が実施された。

今日では当然の有料道路制だが、道路整備特別措置法という名称からも、一時的な特例措置として成立した。しかしながら、やがてこの法律がわずか四年で新法に置き換えられ、有料道路制が通常の方法となっていくのである。日本の役所の得意な小さく産んで大きく育てた典型であった。

## 道路整備特別措置法の改正

一九五六年の改正は、旧法を廃止して、新法を制定するという方法で行われたが、大きな変更は、建設主体に日本道路公団を加えたことである。したがって、改正法案と一体となって日本道路公団法も提案され、審議された。

改正法の要点は次の五点に要約される。すなわち第一に、日本道路公団は、建設大臣の許可を受けて、一定の要件に該当する一級国道、二級国道、都道府県道または指定市の市道を新設・改築し、料金を徴収し、工事完了の後料金徴収期間が満了するまで、当該道路の維持、修繕および災害復旧を行うことができることとされた。第二に、公団は、新設または改築した道路の維持および修繕に特に多額の費用を要し、当該道路の道路管理者が維持および修繕を行うことが著しく困難または不適当と認められるときは、建設大臣の許可を受けて、料金徴収期間の経過後においても、当該道路の維持、修繕等を行って料金を徴収することができることとされた。第三に、公団は、有料道路を管理するに当たっては、その管理に必要な限度において道路管理者に代わって一定の権限を行うことができることとされた。第四に、都道府県および市町村である道路管理者は、建設大臣の許可を受けて一定の要件に該当する都道府県道または市町村道を新設し、または改築して料金を徴収することができることとされた。第五に、料金徴収の対象は、原則として道路交通取締法にいう諸車および無軌条電車とし、料金の額は、道路の通行者または利用者が受ける利益の限度内とし、その基準は、政令で定めることとされた。

国が直轄で行っていた有料道路の建設を日本道路公団が全面的に行うという内容であり、政府委員の答弁では「有料道路の総合的管理を行う機関」として日本道路公団を位置づけている。わずか数年の経験であったが、旧道路整備特別措置法による有料道路の建設が道路整備を進める上で便宜的な手法であることを確信したのであろう。財政投融資の利用はいうまでもないが、さらに民間資金も導入して、積極的な道路整備を展開しようとする方策であった。なぜ改正ではなく、旧法廃止で新法制定なのかについては、明確な答弁はないが、日本道路公団の規定が多くを占めることになった新法は条文構造が大きく異なったからではないかと思われる。なお、旧法との違いをあげれば、道路管理者については、旧法では都道府県と市であったが、今回は町村も加えられたこと、府県に対する貸付の制度が廃止されたことである。

国会審議では、公共道路の有料化を進めるものだという批判が展開されたが、政府の答弁は、「公道の無料公開の原則にもとるものではない。すなわち年間三百四十億円程度の一般道路整備費に対し、当公団による有料道路に要するものは、その二割程度に達するだけであり、また償還の済み次第に無料公開するものであるからである」との答弁があった。しかしながら、この答弁が便法であったことは明らかである。

**道路公団の設置**

以上の説明からも明らかなように、日本道路公団は有料道路の総元締めのような組織として設置されたものである。日本道路公団法には、「日本道路公団は、その通行又は利用について料金を徴収することができる道路の新設、改築、維持、修繕その他の管理を総合的かつ効率的に行うこと等によって、道路の整備を促進し、円滑な交通に寄与することを目的とする」（一条）と述べられていることからもわかる。

この法案の要点をまとめると、第一に、日本道路公団を特殊法人として設立し、その資本金は公団が設立された時点において、特定道路整備事業特別会計の有する資産の価額から負債の金額を控除した額に相当する額を政府が出資することである。第二に、公団の役員として総裁一人、副総裁一人、理事五人以内および監事二人以内を置くことである。ただし、修正により理事は六名以内と変更された。第三に、公団の行う業務として、道路整備特別措置法に基づく有料道路の新設、改築維持、修繕その他の管理および有料道路の災害復旧工事を行うことを主たる業務とし、有料駐車場の建設・管理、国または自治体の委託による道路の新設、改築等も行うことである。第四に、公団の財務および会計は、公団の予算、事業計画、資金計画、財務諸表、道路債券の発行、借入金等につき、その業務の公共性にかんがみて、建設大臣の認可または承認を受けることを要するものとすることである。そして第五に、公団は建設大臣の監督に服するものとし、建設大臣は公団に対して監督上必要な命令等をすることができることとし、日本道路公団監理官の制度を設けることである。

国会審議の中で、なぜ公団という方式を採用するのか、公債と直轄事業でよいではないか、という質問が出されたが、公団の財務・会計方式の方が効率的だからという説明がされている。公団という組織形態は、終戦直後からの一九五〇年代に多数設置されているが、食料品配給公団や飼料配給公団、配炭公団などの経済統制の実施組織としての公団が多かった。一九五〇年代後半に入ってからは日本住宅公団、愛知用水公団、農地開発機械公団（いずれも一九五五年設置）、日本道路公団、森林開発公団（いずれも一九五六年設置）、首都高速道路公団（一九五九年設置）、水資源開発公団（一九六一年設置）、阪神高速道路公団（一九六二年設置）、日本鉄道建設公団（一九六四年設置）、本州四国連絡橋公団（一九七〇年設置）と続々と公共事業型の公団が設立されていったが、道路公団はその初期のモデル的公団であった。

かくして、日本道路公団は、法案の可決から一ヵ月を少し過ぎた四月一六日に特殊法人として設立され、有料道路の建設に向けて邁進していく。次に、どのような手順で有料道路を建設していくのか、みておきたい。

### 予定路線・基本計画・整備計画

高速道路の建設はどのように進められていくのであろうか。国土開発縦貫自動車道建設法の三条には「予定路線」について規定されている。そこには、予定路線として「小牧市附近から吹田市まで」だけが書かれたが、別表には、路線名、起点、終点、主たる経過地が掲げられている。すなわち、予定路線は法律ですでに決められているのであるが、あくまで予定路線であり、調査をしてみないとわからない。そこで、一〇条の「基礎調査」が行われる。その後、国幹会議の議を経て、五条に規定する「基本計画」が決定される。ここまでが国土開発縦貫自動車道建設法で規定された手続きである。なお、一九五七年の制定時の法では、この手続きの主体は内閣総理大臣であった。

他方、高速自動車国道法は、三条で国幹会議の議を経て「予定路線」が決定されることになっているが、一九五七年の制定時の法では、その主体は「運輸大臣及び建設大臣」である。国土開発縦貫自動車道建設法の基本計画と高速自動車国道法の予定路線は、国幹会議の議を経て「路線の指定」が行われ、さらに国幹会議の議を経て「整備計画」が決定される。

この手続きまでは、国土開発縦貫自動車道建設法と高速自動車国道法で規定されているのであるが、日本道路公団に工事を行わせるための規定を整備する必要があった。そこで、日本道路公団法を制定すると同時に、道路整備特別措置法をわずか一年で改正して、次の手続きを加えた。すなわち、建設大臣は、高速自動車国道法六条の規定にかかわらず、同法五条に規定する整備計画に基づく高速自動車国道の新設または改築を公団に行わせ、料金を徴収させることができる（道路整備特措法二条の二）、公団が高速自動車国道を新設・改築するときには、建設省令で定めるところにより、工事実施計画書について、あらかじめ、建設大臣の認可を受けなければならない（道路整備特措法二条の三）、公団が料金を徴収する場合には、運輸省令・建設省令で定めるところにより、料金および料金の徴収期間について、あらかじめ、運輸大臣および建設大臣の認可を受けなければならない（道路整備特措法二条の四）、という規定である。

これによって、整備計画を実施するための施行命令、工事実施計画、料金認可、工事検査、供用開始・料金徴収、料金徴収期間の終了、という一連の手続きが整備された。

また、重要な変更点として、高速自動車国道の料金の額は、建設管理に要する費用を償い、かつ、公正妥当なものとし、その徴収期間は、政令でその基準を定めることとされた。

**個別の自動車道建設法の制定**

国土開発縦貫自動車道建設法に規定された予定路線は、別表に掲げられているが、条文の中で明記されたものは、前述のごとく「小牧市附近から吹田市まで」のみであった（三条一項）。それは、基礎調査を進めるために、予定路線を法律で定める必要があったからであったが、他の路線については、別表に示されたに過ぎないため、法律で予定路線を示していく必要があった。

まず、国土開発縦貫自動車道建設法の制定時（一九五七年）は、国土開発を目的として、三〇〇〇キロで日本列島を縦貫させるという構想である。したがって、中央自動車道が選択されているが、現実的な道路の必要性からいえば、東海道を高速道路で結ぶことの方が緊急である。国会での審議でも繰り返し取り上げられていた論点であるが、しばらくは中央道か東海道かという議論が行われたものの、一九五九（昭和三四）年の東海道交通調査の結果、東海道が優先されることとなった。東海道を無視することは現実的な要請として不可能であったといえよう。翌一九六〇年に「東海道幹線自動車国道建設法」が五六名の議員によって提案され、制定され、この議論が決着した。

しかしながら、国会の議事録を読む限りでは、財政上の理由からどちらかを選択しなければならないという緊迫感はなく、むしろ両方の建設を進めるにはどうするかという期待感の方が国会における共有された認識であった。財政上の問題を指摘するのは、もっぱら大蔵省や建設省の一部であって、少なくとも政治家にとっては、重要な議論にはなり得なかった。なお、内閣提出法案の「国土開発縦貫自動車道中央自動車道の予定路線を定める法律」が同時に制定され、中央自動車道の建設が進められることになった。結局は、両方が建設されるのである。

中央道か東海道かの決着がついたということは、高速道路の建設が三〇〇〇キロではすまないということを意味した。ではどこまで拡大するのであろうか。この後は、高速道路の新たな提案が連続した。まずは、一九六一年の国土開発縦貫自動車道建設法の改正である。これが同法の第一次改正となるものであるが、予定路線として北陸自動車道が加えられた。

また、名神高速（尼崎～栗東）七一・一キロが開通した一九六三年には、「関越自動車道建設法」が一五名による議員によって提案され可決された。さらに、名神高速が全線開通した一九六五年には、「九州横断自動車道建設法」（六二名による議員提案）と「中国横断自動車道建設法」（四二名による議員提案）が制定された。

こうした個別法の制定による自動車道の建設促進と同時に、北陸自動車道のように、国土開発縦貫自動車道建設法を改正しての追加が行われた。

これらの法は相互にどのように関連しているのか、換言すれば総合的な全体像があって、それに基づいて個別の法を制定しているのか、という点が問題とされなければならないが、関越自動車道建設法の審議の中でその質問が取り上げられた(8)。

質問者(二階堂進)は、法案については賛成だが、政府の考えを質しておきたいことがあるとして、「次から次に地域的な要望が出てくる」ことに対して、五箇年計画の中でどのように対応しようとしているのか、と尋ねた。この質問に対して道路局長は、「次々と個別にこういう高速自動車国道の特定の路線を法律化されることは、それ自体としては国土開発上あるいは産業振興上非常に意義があることは疑いない」けれども、「私どもの一応の考え方といたしましては、来たる昭和三十九年度から新道路整備五箇年計画を立案作業をいたしておる立場から申しますと、かように各個に各地で御提案くださるよりは、できるならば従来のものも含めて総合的な青写真をお互いにつくって、これに基づいて一貫した長期計画のもとに仕事をやらしてもらうほうが合理的である」と考えており、「全体的な案を間に合わせるように現在作業をいたしておる途中」だ、と答弁している。これがやがて、国土開発縦貫自動車道建設法の改正として一九六六年に提案された。

## 3 縦貫道法改正による七六〇〇キロ計画

一九六六年の改正法は、名称を「国土開発縦貫自動車道建設法」から「国土開発幹線自動車道建設法」へと変更した。すなわち、「縦貫」自動車道を「幹線」自動車道に変更したわけである。したがって、審議会の名称等、条文で用いられている用語がすべて変更された。名称の変更は、縦貫道という構想から幹線自動車道へという内容上の大きな変更も含まれているが、それは東海道等の個別建設法をすべて国土開発幹線自動車道建設法に統合することでもあった。従来の七路線三〇〇〇キロの構想から三二路線七六〇〇キロへの変更である。また、(一)国土開発幹線自動車道の路線と(二)高速自動車国道の路線との統合でもあった。

法案は一九六六年三月二九日の衆議院本会議で趣旨説明が行われ、早速そこから質疑が始まった。質問者(井谷正吉)は、日本社会党を代表して若干の質問をしたいと述べ、次のような質問をした。

第一に、画期的な構想であるが、「はなはだ好ましからぬ世評が起こっておる」として、この三二路線については「すこぶる怪しい政治のにおいがする」、「自民党がその党勢を拡張するための政治路線ではないか」とのうわさがあるという。また、「仄聞するところによりますると、自民党政調会の建設部会、道路調査会等におきましては、本法が通過後、さらに引き続いて所要路線の追加設定を行なう御意向のようでありますから、そういたしますると、これは少なくとも一万キロ以上にも及びまして、好むと好まざるとにかかわらず、当然いかがわしい政治路線が混入してまいります」。さらに続けて、「古来、鉄道、道路等の選定にあたりまして、時の政権が、党勢拡張のために、これを悪用したことは、歴史の証明するところであります。(拍手)後世のきびしい批判と指弾を受けているのであります」。したがって、総理大臣の所信を聞きたい、という質問である。しかしながら、総理は欠席のため、建設大臣への質問を続けた。

第二に、従来建設省は縦貫自動車道に熱意がなく、消極的であったが、「それがいま、なぜ手のひらを返したように積極的になられたのであるか」。消極的だというのは、個別法が議員立法で進められてきたことを意味しているわけだが、積極的になったのは国会の議員立法を阻止しようという考えがあるのではないか、もしそうだとすれば、断じて許すべきことではないので、大臣の考えを聞きたい、という質問である。

第三に、建設大臣が提唱していた「二時間理論帯高速道路網計画」(二時間で高速道路を利用できるようにするという計画)だが、当初は七〇〇〇キロにおさまるとされていたのに、なぜ六〇〇〇キロも増大したのか、大臣はNHKの対談放送で「結局は政治がきめるものだ」というような発言をされたが、政治的な配慮で決めたのか、大臣の所信を聞きたい。第四に、財源について、利用料金とガソリン税でまかなえるのか、という質問である。第五に、用地問題について、「生活の道に苦慮する人たち」から「ごね得をして暴利をむさぼる者」までいるであろうが、用地取得について、どのように考えているのか。第六に、作業面について、優秀なる道路関係技術者が不足しているようだが、その対策はどう考えているのか。最後に第七に、道路は無料であるべきだと考えるので、国道整備に力を入れるべきではないか、大臣はどう考えるか、という質問である。

審議の初日から大きな問題を投げられたわけである。まず財源について、大蔵大臣(福田赳夫)は、「万難を排してこれが実現に当たらなければならぬ」と考えるが、財政の事情を考慮しなければならないので、「五ヵ年くらいを区切って一つの計画見通しを立てる、それを基幹としてこの計画を進めていくということが適切じゃないか」と述べ、当初から全体を考えていないという答弁であった。

続いて建設大臣(瀬戸山三男)から次のような答弁が行われた。第一の政治路線云々は、総理から答弁があると思うが、「全国詳細に調べまして、学識経験者等の意見も聞き、なお、各種の資料から決定したものでありまして、いわゆる世間でいう政治路線というものではない」と答えている。

　第二の消極的だったことについては、一級国道の整備に追われて、手が届かなかったのであって、国会の権威をセーブする考えはない、と述べている。

　第三に、テレビでの発言について、「政治路線とは何ぞや」ということが問題だが、「将来の日本をト〔賭〕する大きな政治でありますから、そういう意味から道路政策はすべて政治路線である。ただしかし、いわゆる通俗に使われる政治路線という意味では、全然そういうものとはたちが違います」と述べている。また、七六〇〇キロになったことについては、「検討の段階ではいろいろ検討いたしております。詳細はここで申し上げませんが、私どもは、あらゆるデータ、将来の日本の農村あるいは山林あるいは都市の配置、こういうものを全部考えまして、一応全国に一万キロの路線を引きまして、それから将来の発展の度合いあるいは財政の事情等を考えて、この程度、七千六百キロあたりがまずまずいまの段階では適当であろう、こういう決定を」した、と答えている。

　残りの問題に対しては、用地問題については「農地を取られて生活に困る人は、別途の方法を講じていきたい」、事業執行体制については「直轄事業をいたしております技術者等をこのほうに振り向けることも研究」している、最後の無料にしたらどうかという問題については、「いまの段階ではできませんから、やはり国民の力をかりながらやっていきたい」と答えている。

## 七六〇〇キロになった経緯

この審議からもわかるように、最も重要な問題は、なぜ七六〇〇キロになったのか、ということである。大臣の答弁には、当初一万キロの路線を引いたとあったが、その経緯について、NHK報道局が取材した記録が出版されている(9)。

それによれば、元道路局長の山根猛の話として、「一番重視したのは、結局交通需要、あるいは人口がどれだけカバーできるかといった効率的な側面が一つ。そうはいっても、極端にサービスが悪いところはそれなりの配慮をしなくちゃいけないということから、公平の考え方を導入したということですよ」と述べられており、次のような基準を示したという。すなわち、「①日本が南北に長いことから、『縦貫道』と呼ばれる縦に長い道路を通し、これを『幹』として『枝』線の道路を追加していく。②人口一〇万人の都市や商工業地域を『拠点』として、全国五八拠点を選定。そこに道路を連結させるようにしていく。③全国どこからでも二時間以内に高速道路に到達できるように高速道路を延ばす」の三つである。

この三つの柱から選ばれた路線が約一万キロにのぼった。一万キロという数字は大臣答弁の中にも出てくる数字であるが、説明の内容も大臣答弁とほぼ同じである。山根氏は、この約一万キロを当初の案として、そこから将来の交通需要の見込みと、沿線都市の人口の多い順に路線をふるいにかけ、半分の五〇〇〇キロあまりにまで絞り込んだという。さらに人口分布などから道路網の密度が薄いと見られる場所に路線を補充し、最終的には七六〇〇キロ余りにした。ただし、北海道だけは例外的に独自のネットワークを設定し、最終的に七六〇〇キロのネットワークが完成した、と説明した。

こうした説明に続けて山根は、当時を振り返って、「当時は七六〇〇キロというネットワークさえ『本当に実現できるのか』という不安感がありました」と述べている。また、「やはり採算性という側面を念頭においてネットワークを積み上げざるを得ないですから、それぞれの路線の採算性を一本一本積み上げていった上で、『これ以上、高速道路のネットワークを積み上げると赤字になってしまう』というぎりぎりのラインを超える路線については、まずは捨てざるを得なかった」と解説している。

こうした合理的な判断ですべてが決まったわけではなく、むしろ政治のプロセスがあったのではないか、というのがNHK取材班の問題意識である。この本には、「料亭で決められた『七六〇〇キロ』」という小見出しで、国会近くの料亭で自民党建設部会のメンバーと建設省の幹部合わせて二〇人余りが会合を持ったことの記述がある。出席者は自民党側が建設部会長であった丹羽喬四郎衆議院議員ら十数人、建設省側は前田光嘉事務次官（後に日本道路公団第四代総裁）ら四人。そこに参加していた井上孝（後に建設事務次官）が語ったという次のような記述がある。

「その日の集まりは『朝食会』という名目でしたよ。私は当時は一番下っ端として席につきましたが、襖を隔てた隣の部屋には山根君（前述の山根孟氏）たちが聞き耳を立てて控えていた。瓢亭は『朝粥』が名物でね、これを食べようとしたんだが、こちらが七六〇〇キロの説明をしたところ、途端にもう朝食どころではなくなってしまった」

井上氏はそう言って苦笑した。

会議の席で建設省側が七六〇〇キロの説明を始めたところ、議員側からは一斉に猛烈な反発が出た。なかでも自分の地盤に路線の計画が盛り込まれていない議員は「こんなんじゃ俺は選挙区に帰れない」「選挙でもう落選必至だ」と激しく言い立てて、収拾がつかなくなったという。このためいったんは散会し、自民党の地域開発委員会で地域ごとに、どこに高速道路が欲しいのか意見を募ることになった。旧建設省側は集まった意見をまとめ、議員が要求した路線を黄色い線で二〇〇万分の一の日本地図に描き込んだところ、日本地図が真っ黄色になってしまったという。

井上氏に記憶をもとにしてこの「黄色い地図」を再現してもらった。するとそれは、現在の計画である一万一五二〇キロをはるかに超える長大なネットワークとなった。

「原案の倍以上あったんじゃないでしょうかね。能登半島の奥までも全部入っていましたからね。津軽半島とか」（井上氏）

一計を案じた井上氏らは、この地図を持って再び朝食会に臨んだ。さすがの議員たちも、「これでは計画にならない」と路線の追加を断念し、丹羽議員のとりなしもあって建設省の原案をのむことにしたという。(10)

調査に基づく一万キロから七六〇〇キロを導き出したという話とこの朝食会での話は別に矛盾するわけではないが、政治的な要請と行政的な要請を調整するメカニズムが十分にコントロールされていないことは明白である。

## 一般有料道路

七六〇〇キロに含まれた地域では歓迎されたであろうが、逆にもれてしまった地域はおそらく相当に落胆したであろうし、また巻き返しの運動を展開したであろう。もれた地域の多くの政治家は、「選挙区に帰れない」と嘆いたことは十分に予想できる。しかしながら、地元に利益を還元するのが政治家の役割であるという考え方は、政治学的には当然否定されるべきことであるが、現実政治の上では十分に機能するし、また多くの有権者が政治家の役割をそうあるべきと考えて、投票していると思われる。問題の核心はそこにあるのだが、政治と行政がその有権者の判断に迎合して、いかに地元還元を実現するかに奔走する。その典型が道路であることは間違いない。

七六〇〇キロは目標であり、建設を進める許可が下りたということになるが、同時に、七六〇〇キロしか建設しないという宣言にもなるはずである。ところが、先に国会審議から引用したように、「自民党政調会の建設部会、道路調査会等におきましては、本法が通過後、さらに引き続いて所要路線の追加設定を行なう御意向のよう」だと指摘されているように、歯止めとしての意義はあったのであろうか。

NHK取材班は七六〇〇キロという歯止めが崩されていく事例として、一般有料道路を取り上げている。すなわち、日本道路公団が有料道路として建設を進めている一般有料道路を将来の高速道路網に組み込まれるようにするための「入場券」として建設していく、という方法である。それを「隠れ高速」と呼んでいる。

一般有料道路とは法律上の用語ではなく、日本道路公団等が建設する有料道路のうち、高速自動車国道ではないものを指すが、一九五六年の道路整備特別措置法で明記された制度である。ただし、この法律の中では、一般有料道路という用語は使われていないため、慣例的な使い方である。

具体的に、どのような道路が一般有料道路なのだろうか。資料[11]によれば、ネットワーク型とそれ以外のバイパス型の二つがあり、前者は後述する高規格幹線道路や大都市圏の高速道路とつながる一体性の高い道路を指し、後者はそれ以外の単独の有料道路を指す。前者の例としては、第三京浜・横浜新道・横浜横須賀道路（一九五九年開通、六〇・五キロ）、京葉道路・千葉東金道路・東京湾アクアライン・東京湾アクアライン連絡道（一九六〇年開通、九一・一キロ）などであり、九州の東側を走る延岡南道路（一九九〇年開通、三・七キロ）などの四つの道路、などである。将来的にはネットワークとして高規格幹線道路の一部になる。

バイパス型の例としては、箱根新道（一九六二年開通、一三・三キロ）、若戸大橋（一九六二年開通、二・一キロ）などであり、二〇〇一年一一月に無料化された碓井バイパス（一九七一年開通、一三・二キロ）もこのカテゴリーに含まれている。

一般有料道路という用語はいつからそう呼ばれてきたのか不明であるものの、国会会議録検索システムで調べてみると、一九五八年の衆議院建設委員会で、政府委員による予算の説明の中で用いられているのが最初である。やはり一九五六年の新道路整備特別措置法の制定以降に、従来の有料橋・有料渡船場などを含めて、国幹道とは別の有料道路カテゴリーとして用いられるようになったものと思われる。

当初は有料橋や観光道路の建設に利用されたが、一九六〇年代に入ると、上に述べたバイパス型の例からもわかるように、混雑する国道のバイパスとして有料道路が建設されるようになった。そして一九八〇年代に入ると、「高速道路ネットワークを拡充していくために、法律では高速道路の建設計画がない地域にもネットワーク網を広げる手段として」、一般有料道路が積極的に建設されるようになった。こうした道路が「入場券」と呼ばれる道路である、という(12)。

**隠れ高速**

一般有料道路の例としてあげた東九州の四つの道路、すなわち一九九〇年開通の延岡南道路(宮崎県)、一九九一年開通の椎田道路(福岡県)、一九九二年開通の隼人道路(鹿児島県)、一九九三年開通の宇佐別府道路(大分県)は、こうした入場券として建設された「隠れ高速」の典型ではないか、とNHK取材班はいう。取材班は、延岡南道路を取材した。まず延岡市の前の市長早生《はやなり》隆彦は、地元出身の日本道路公団OBで、高速道路を望む地元の経済界や政治家に要請されて立候補し、一九七八年に初当選を果たし、一九九四年まで市長を務めた。当選後、「高速道路の建設には法律の枠組みがあるので、そう簡単にはいかないができる限りの努力をしたい」と決意を表明したという。

早生市長は市役所内に高速道路の誘致を担当する「東九州縦貫自動車道路対策室」を設置して、地元の国会議員（江藤隆美）をはじめ、沿線の代議士、自民党の実力者、当時の建設省九州地方建設局、日本道路公団幹部に対して、必死の陳情を行った。

しかしながら、制度として高速道路を作ることはできないことを十分に承知していた早生市長は、高速道路の代替道路として、「自動車専用道路の機能を持つ道路、すなわち将来、東九州縦貫自動車道に移行しうる規格の高い道路」を建設しようと考えたようだ。そのアイディアは、建設省道路局への陳情の際、示唆されたという。すなわち、建設省から「高速道路という名前を消しましょう。規格の高い道路にすればいいでしょう」と提案されたという[13]。これが後に、高規格幹線道路として位置づけられていく。

隠れ高速を推進したのはこの記述からも建設省であることが明らかだが、税金が投入されたことがその裏づけとなろう。すなわち、一般有料道路は「料金の額は、当該道路の新設、改築、維持修繕等に要する費用を償うものであること」という償還主義の原則が適用されるのであるから、税金の投入を前提にはしていない。しかしながら、交通需要予測から料金収入を計算し、償還が可能かどうかを判断するわけだが、昭和五〇年を過ぎた頃から予測を下回るようになった。予測を下回るということは償還に必要な資金が回収できないということを意味する。建設省内部から高速道路にも「国費を投入すべきだ」という話が持ち上がってきたという。一般有料道路も同様である。償還計画が立たないのであれば、有料道路としての建設は許可されず、国道改修の順番を待つ以外にない。しかし、それでは地元や政治家が黙っていない。

一般有料道路には「合併施行」という税金投入の方法が用いられた。合併施行とは、国道の直轄工事と日本道路公団による一般有料道路の建設を合併させるという意味である。すなわち、用地買収や基礎部分の土木工事を国が行い、舗装や施設を公団が整備する方法や、国道に接続する部分を国が整備する方法、それらを合わせた方式がある。二〇〇二年八月の民営化推進委員会第二回集中審議に提出された「一般有料道路の取り扱い」という資料には、建設中のものも含めて少なくとも四六路線が合併方式で建設されていることが示されている。延岡南道路には一七%、宇佐別府道路には六〇%、隼人道路には五一%の税金が投入されている。椎田道路は数字が記入されていないため、不明である。

この方式は、七六〇〇キロに含まれなかった地域にとって、高速道路に準じた自動車道路を獲得する方法であり、地元の要望を一時的に満たすことになる。そのため、この隠れ高速は全国に広がった。しかしながら、先の資料で税金の投入率（直轄比率）をみると、九八%の中部縦貫自動車道（油坂峠道路）、九七%の日高自動車道、九六%の深川留萌自動車道など税金が九〇%を超えており、ほとんど税金による道路がある。これでは、直轄国道というべきであり、それを有料道路と呼んで料金を徴収するのは、制度が予定した範囲を超えているといえよう。

### プール制の導入と料金制度

七六〇〇キロの高速道路ネットワークを支えることができるのは、一九七二（昭和四七）年から導入された料金プール制であることはいうまでもない。料金の決定方法は一九五七年の道路整備特別措置法に、「料金の額の基準」として、「高速自動車国道に係る料金の額は、高速自動車国道の新設、改築その他の管理に要する費用で政令で定めるものを償うものであり、かつ、公正妥当なものでなければならない。この場合における料金の徴収期間の基準は、政令で定める」(一一条)と定められていた。これが償還主義、公平妥当主義の原則といわれるものである。また、政令で定める償還対象費用とは、道路の新設費、改築費、維持修繕費、災害復旧費、権限代行費、管理費、調査費、料金徴収事務取扱費、損失補てん引当金、借入金利息等とされていた(道路整備特別措置法施行令一条の五)。

償還主義とは、この管理費の総額が料金徴収期間に徴収された料金の総額と同額になることを意味しており、償還された段階では無料で開放されるとされていた。なお、公平妥当主義とは、利用者の受益の程度と支払い能力(負担力)を加味し、車種間の料金格差を公平に定めることを意味している。[14]

一九七二年の段階では、名神高速、東名高速、中央高速など八路線、約七一〇キロが整備されていたが、一九六三年七月の名神高速の開通以来、これまでの慣例は、収支計算を行う対象路線の範囲について、それぞれ別個の路線として、料金の額を決定していたのである。しかしながら、路線が接続され、ネットワークとしての意味を強めていったことや、採算性の悪い道路の建設が予定されていることから、個別路線ごとの料金では今後の運営の難しいことが予測された。そこで、建設大臣から道路審議会に料金制度の改定が諮問され、その答申を受けて、道路整備特別措置法施行令を改正して、一九七二年一〇月より全国料金プール制が導入された。

一九七二年三月の道路審議会の答申によれば、高速道路は、①「本来各路線が連結して全国的な枢要交通網を形成すべきものであって、各路線が必ずしもそれぞれ独立的なものとはいい難く、また、実際問題として路線区分には幾分便宜的な面もあるので、その料金の設定に関しては、なるべく一貫性、一体性を持たせることが適当であること」、また②「建設時期の違いに起因する用地費、工事費等の単価の差異によって建設費が影響を受ける状況のもとで、事業採択の時間的順序の違いから料金に差が生ずることを回避し、併せて借入金の償還を円滑に行う必要があること」がその理由としてあげられていた。①の論点はプール制でなければならないというわけではないと考えられるが、②の料金格差の解消と償還の円滑化という理由が最も重要な点であったと思われる。

プール制の導入は、当時の高速道路整備状況や財源の制約、国民の期待等からやむを得ないものであったと考えられるが、問題はこれほど重要な変更を政令改正で行ったことである。本来、無料開放されるはずの道路の通行料が他の道路の補助に回り、無料開放が実質的に期待できない遠い将来に先送りされるということは、国民にとってきわめて重大な不利益変更であり、こうした変更は法律改正で行うべきであろう。

また、道路審議会でも議論された点として、採算性の悪い道路が今後も建設されていくにつれて、内部補助の比率が高まっていくことになるが、どこまで補助すべきか、という内部補助の限界の問題がある。一九八一年七月の道路審議会の中間答申では、路線間の内部補助を軽減する措置を講ずべきであると述べ、具体的には、国土の有効利用と地域開発効果を狙い、全国的なネットワークの一部を形成するという横断道等の役割に着目した財政措置の強化および先発路線のサービス水準維持向上のための措置を講ずる、と述べられた(15)。また、一九八五年四月の道路審議会の中間答申では、何らかの内部補助の限度の目安を設定すべきであり、その目安としては、内部補助額はその路線の料金収入と国費等を合わせた額程度までとするのが適当であろう、と述べられている。

内部補助を減らすということは、国庫からの補助で補完することにほかならない。日本道路公団からすれば、内部補助によって全体の採算性を下げるよりも、国費の投入が好ましいが、国民にとっては、料金として支払うか税金として支払うかの違いにすぎない。国費の投入によって全体としての採算性が維持されたとしても、そこには採算性の低い高速道路が隠されてしまうことになる。有料道路という別の会計を設けて、そこにおける採算性を見えやすくしている仕組みとしては、国費の投入によって外見的な採算性を確保することは望ましくない。むしろ採算性の悪い道路は建設しないとか、先送りするとかの方法によって、一定の採算性を確保することが制度としては望ましい。しかしながら、そうした合理的判断を許容できる状況ではないことは、右にみてきた通りである(16)。

公正妥当主義に関連することとして、車種間料金や割引制度の問題がある。車種間料金については、名神高速の開通当初は、七種の区分であったが、プール制の導入とともに簡略化され、①普通車、②大型車、③特大車、の三区分とされた。①普通車の料金を一とすると、②は一・五、③は二・七五であった。その後、一九八八年の道路審議会の答申に基づいて、値上げと五区分化が行われ、一九八九年一月から実施された。

道路審議会の答申によれば、従来の考え方である「①高速自動車国道を空間的時間的に占有する度合いに応じて各車種が費用を分担しあう占有者負担の考え方」のほかに、「②高速自動車国道の建設及び管理に係る費用に影響を与える度合いに応じて各車種が費用を分担しあう原因者負担の考え方」、および「③高速自動車国道を利用することにより受ける便益に応じて各車種が費用を分担しあう受益者負担の考え方」を総合して、車種間料金を決定したという。

車種間料金の公平性について、占有者負担、原因者負担、受益者負担の三つの考え方の総合であるとしても、それらがどのように総合されているのかについての説明はない。政策的な判断が含まれているが、そこは明らかにされていない。たとえば、自動二輪車が割高であり、二人乗りが禁止されていたことや、大型車が原因者負担の考え方からすれば優遇されていること等、政策的な判断をきちんと説明する必要があると考えられる。

不公平感を拡大したものとして、割引制度を取り上げることができる。新聞でも取り上げられ批判された制度として、通行料金別納制度がある。この割引は、日本道路公団が発行する別納カードを利用することで、一ヵ月分の通行料金を一括して翌月末に後払いできる制度であり、割引率は月利用額が一万四〇〇〇円を超える部分について五%が適用され、七万円、七〇万円、一四〇万円、二八〇万円と利用額が増えるにしたがって段階的に五%刻みで割引率が上がる。七〇〇万円を超える部分が最大三〇%引きになる。月の利用額が一〇万円の事業者が一〇〇社集まると、一〇〇〇万円利用したのと同じ割引を全社が受けられることになる。

この割引制度による公団の減収が、一九九七〜二〇〇一年度の五年間だけで一兆七八九億円にのぼることが公団の文書で明らかになった。[17] 別納制度の利用額は年間二兆円にのぼる料金収入の四割に達し、その割引額は毎年約二〇〇〇億円強だという。

一九八〇年代前半、公団幹部の知人がかかわった「異業種組合」が発足し、別納割引が使われ始めた。ノウハウは瞬く間に広がり、制度を利用する一一八七（二〇〇一年度）の事業協同組合のうち、数百が異業種組合とみられるという。政治家が、後援者へのサービスに事業組合づくりの音頭をとっているケースもある。国会議員六人に総額八八六万円の政治献金をしていたことも明らかになった。[18]

一九九五年の道路審議会中間答申で「均衡を考慮し、制度の見直しを検討する必要がある」と指摘されるなど、問題視されてきた。最大で一三・八％の割引しかなかった当時の一般ユーザーへの割引制度と比べて不均衡だとして批判されてきたが、公団側は問題を事実上、放置してきた。ようやく二〇〇三年になって、新聞報道で批判された結果、九月になって通行料金別納制度への新規加入を打ち切るという決定を行い、二年後に廃止されることになった。

### 四全総と一四〇〇〇キロの高規格幹線道路網

隠れ高速が高速道路の入場券としての効果を発揮してきたが、やがてこれらの道路も高速道路の仲間入りをすることになった。高速道路網の拡大である。すなわち、一九八七年、四全総（第四次全国総合開発計画）が策定され、その中に「高規格幹線道路網」という概念が用いられ、高速道路網が拡大された。

高規格幹線道路網は、四全総の交流ネットワーク構想の中心的な基盤となるものであるが、すでにみてきたように、高速道路網を拡大したいという道路関係者の思惑がここにすんなりと入っていった。四全総の素案づくりは一九八四年から進められたようだが、[19] 高規格幹線道路という考え方は、それ以前から使われていた。例えば一九七九年一二月の衆議院建設委員会で、近畿自動車道の紀南への延長について質問を受けた大臣（渡辺栄一）が、「昭和五二年十一月に閣議決定を見ました第三次全国総合開発計画におきまして、全国的な幹線交通体系の長期構想としまして、一万キロ余りで形成されます高規格の幹線道路網を提唱」しているので、建設省としても、「この基本的な考え方を踏まえまして、昭和五十四年度より近畿自動車道の紀南延伸を含めまして、高規格幹線道路網に関します調査に着手をいたしておるところ」であると答弁している。

確かに三全総には、高規格幹線道路という言葉が使われており、その意味は、高速道路ではないが、立体交差や中央分離帯の設置などで実質的に高速で通行できる道路を「高規格幹線道」と呼んでいた。すなわち、構造的な側面をとらえた概念であるが、四全総では、「網」という語がつくことから、高速道路との一体性を強調した概念として再構成されたと考えられる。三全総との関係でいえば、すでに既定の路線を延長したものとなる。「高規格の幹線道路」といういい方は昭和四〇年代からあるので、正確にいつ頃から四全総でいう高規格幹線道路網が構想されたのかは不明であるが、高速道路並の高規格の道路という意味では、一般有料道路の建設ですでに着手されていたことは前述の通りである。

四全総の閣議決定を前にして、一九八七年五月、道路審議会に対して高規格幹線道路網を構成する路線要件・個別路線が諮問された。六月二八日に中間答申を得て、その後一万四〇〇〇キロの高規格幹線道路網計画が決定された。この計画は、四全総の「交流ネットワーク構想」に対応し、「全国的な自動車交通網を構成する高規格幹線道路網については、高速交通サービスの全国的な普及、主要拠点間の連絡強化を目標とし、地方中枢・中核都市、地域の発展の核となる地方都市およびその周辺地域等からおおむね一時間程度で利用が可能となるよう、およそ一万四千キロで形成する」と明確にされた。

この高規格幹線道路は、自動車による高速交通を確保することが目的であり、日本全国を自動車専用道路によってつなぐことが目標とされている。したがって、従前の国土開発幹線自動車道約七六〇〇キロと本四連絡道路一八〇キロを含め、新たに指定された四九路線六二二〇キロを加えて、合計で一万四〇〇〇キロとされた。この後、一九八七年九月に国土開発幹線自動車道建設法が改正され、三九二〇キロが国土開発幹線自動車道の予定路線として追加され、国幹道は総延長一万一五二〇キロとなり、残りの二四八〇キロは一般国道の自動車専用道路とされた。

高規格幹線道路の路線要件としては、①地域の発展の拠点となる地方の中心都市を効率的に連絡し、地域相互の交流の円滑化に資するもの、②大都市圏において、近郊地域を環状に連絡し、都市交通の円滑化と広域的な都市圏の形成に資するもの、③重要な空港・港湾と高規格幹線道路を連絡し、自動車交通網と空路、海路の有機的結合に資するもの、④全国の都市、農村地区からおおむね一時間以内で到達し得るネットワークを形成するために必要なもので、全国にわたる高速交通サービスの均てんに資するもの、⑤既定の国土開発幹線自動車道等の重要区間における代替ルートを形成するために必要なもので、災害の発生等に対し、高速交通システムの信頼性の向上に資するもの、⑥既定の国土開発幹線自動車道等の混雑の著しい区間を解消するために必要なもので、高速交通サービスの改善に資するもの、という六点が示された。西暦二〇〇〇年までに約九〇〇〇キロの供用を目標とし、全体の整備にはおおむね三〇年程度を必要とする、とされた。

その後、国幹道法の改正により予定路線が拡大されたが、あくまで予定路線であり、基本計画、整備計画、施行命令と進んでいかなければ、実際の建設にはたどり着かない。一九八七（昭和六二）年の段階では、予定路線一万一五二〇キロのうち、基本計画七二五六キロ、整備計画六四三〇キロ、施行命令五九三四キロ、開通延長三七二一キロ、という状況であった。

予定路線の拡大を受けて、建設省は早速、基本計画等の策定に取りかかった。国土開発幹線自動車道建設審議会の議を経て基本計画が策定されるため、審議会が開催されなければならない。ようやく一九八九（平成元）年一月になって第二八回国土開発幹線自動車道建設審議会が開催され、基本計画が一四〇〇キロ余り追加されて八六八九キロとなり、整備計画が五八〇キロ追加されて七〇一〇キロとなった。その後、一九九一年一二月、一九九六年一二月、一九九八年一二月、一九九九年一二月に国幹審が開催され、基本計画が一万八〇七キロ、整備計画が九三四二キロとされ、民営化前の最高水準に達した。これによって、九三四二キロという本章の最初に取り上げた整備計画の数字が、この段階で確定したのである。なお、一九九九年の国幹審が名称としては最後の国幹審であった。

**民営化前の状況**

以上、民営化前までの高速道路について考察した。第Ⅱ章において、民営化議論の始まりから現在までを考察する。ところで、拡大の一途をたどった高速道路であるが、突如として公団民営化の論議が生じ、そして実現した。その経緯については、第Ⅱ章でみるとして、民営化前の二〇〇一年段階における高速道路の状況を整理しておこう。道路関係四公団民営化推進委員会に提出された資料によると、民営化議論が始まった二〇〇二年四月一日の段階における日本道路公団の現状は次のようなものであった。

基本計画、整備計画については、すでに述べたが、施行命令は九〇六四キロ、供用延長は六九五九キロであった。営業中道路の収支状況については、収益が一兆九二七一億円、費用が九三九五億円（管理費三八四八億円、金利五五四七億円）、収支率（収益に占める費用の割合、あるいは一〇〇円の収入を得るための経費）は四九であった。償還状況については、営業中の道路の投資総額は二九兆七八六四億円、未償還残高は一九兆三七八九億円、償還準備金一〇兆四〇七五億円、償還率三四・九％であった。

# Ⅱ章 高速道路の民営化

本章では、引き続き、高速道路について考察することにしたい。Ⅰ章では高速道路がどのように形成されてきたを中心に考察したが、本章では二〇〇一（平成一三）年から小泉政権の下で始められた高速道路の民営化を中心に検討したい。

## 1 民営化の先行事例——国鉄の分割・民営化

日本道路公団の民営化という議論はいつごろ登場したのであろうか。特殊法人の民営化については、第二次臨時行政調査会（第二臨調）の答申に基づいて実施された特殊法人三公社の民営化が先行事例として存在する。すなわち、一九八五（昭和六〇）年四月に日本電信電話公社と日本専売公社が民営化され、それぞれ日本電信電話株式会社（ＮＴＴ）と日本たばこ産業株式会社（ＪＴ）となり、また一九八七年四月には日本国有鉄道（国鉄）がＪＲグループへと分割・民営化された。

第二臨調は、一九七〇年代の二度にわたるオイル・ショックを契機とする財政赤字を克服することを主たる目的として、一九八〇年一一月に制定された「臨時行政調査会設置法」に基づいて、翌一九八一年三月に鈴木内閣によって首相の諮問機関として設置された。臨時行政調査会は一九六〇年代にも設置されているため、そちらは第一次臨時行政調査会（第一臨調）と呼ばれ、こちらは第二臨調と呼ばれている。

第二臨調の当初の考え方は、一九八一（昭和五六）年三月の土光委員長から鈴木首相に対する申し入れに見られるように、①実行性のある答申、②増税なき財政再建、③地方行革も対象とすること、④三K（国鉄・米・健康保険）赤字解消、特殊法人の整理、民営への移管の四点であり、「増税なき」に力点が置かれていた。だが、一九七九年からのサッチャー政権、あるいは一九八一年からのレーガン政権が進めた新保守主義政策が政府機能の抑制を打ち出していたため、四番目の最後に付け加えられた民営化が最終的には最も実績をあげた分野となった。

第二臨調は第一次から第五次までの答申を出したが、国鉄改革については一九八二年七月の「第三次答申——基本答申」で触れられている。その中で、緊急措置として、職場規律の確立、新規採用の原則停止、設備投資の抑制、地方交通線の整理の促進等の措置を講ずる必要があるとし、最終的には国鉄を分割・民営化することが提言された。当時は、第二臨調の審議の過程で明らかになった国鉄内部の職場規律の問題などが新聞で報道され、国民の関心の的となっていた。経営形態の変更では、「国鉄を七ブロック程度に分割する（諸条件を勘案の上国鉄再建監理委員会が最適な分割案を策定する）」とされ、分割・民営化が提言された。

国鉄の分割・民営化の理由として、第一に当時の国鉄にとって最も必要な、①経営者の経営責任の自覚と経営権限の確保によって、困難な事態の打開に立ち向かうこと、②職場規律を確立し、生産性を高めること、③「政治や地域住民の過大な要求等外部の介入を排除すること」などの課題を実現するのに最も適した形態であること、第二に「幅広く事業の拡大を図ることによって、採算性の向上に寄与することができる」経営形態であることをあげていた。また分割化の理由として、第一に現在の巨大組織では、管理の限界を超えていること、第二に国鉄の管理体制は地域ごとの実態とかけ離れた「全国画一的な運営に陥りがちであること」、第三に「地元の責任と意欲を喚起すること」が分割で可能となる、という三点を示した。

### 国鉄再建監理委員会の設置

政府は、臨調答申を受けて国鉄の事業再建問題に対処するため、まず一九八二年八月、総理府に国鉄再建監理委員会を設置することとし、その準備にあたらせるため内閣官房に国鉄再建監理委員会設置準備室を置く旨の閣議了解を行った。一九八二年九月には、いわゆる行革大綱「今後における行政改革の具体的方策について」が閣議決定され、運輸省には「国鉄再建緊急対策推進本部」が設置され、また国鉄においても、閣議決定に伴い、「緊急対策実施推進本部」が設置され、さらに一二月七日には、内閣総理大臣（中曾根康弘）を本部長、総理府総務長官および運輸大臣を副本部長とする「国鉄再建対策推進本部」が内閣に設置され、国鉄の経営する事業の再建の推進にあたり、関係省庁間において緊密な連絡をとりつつ所要の施策の円滑な実施を図ることとされた。

一九八三年三月、第二臨調は、最終答申を提出して解散したが、同年五月には「国鉄再建臨時措置法」が制定され、国鉄再建監理委員会が設置された。委員会は、国鉄予算など具体的な国鉄改革の意見を発表しながらも、国鉄の分割・民営化のための検討をつづけた。八四年八月には分割・民営化の基本方針を盛り込んだ第二次提言が提出された。さらに、同委員会は、八五年七月に「国鉄改革に関する意見――鉄道の未来を拓くために」と題する最終答申を中曾根首相に提出した。

当時の国鉄が抱えた大きな問題は、経営赤字と過剰人員であったが、前者については赤字ローカル線の廃止・売却・第三セクター化、上下分離（鉄道建設と列車運行の分離）、民営化、国鉄保有資産の活用（民活）、そして税金の投入によって、解決が図られることになる。今日の段階で、旧国鉄所有地の一部が再開発され、大規模なオフィスビル街になっていることが実感できるが、国鉄民営化によって民間のデベロッパーが競って、それまで手が出せなかった国鉄所有の一等地の開発にしのぎを削った。地価高騰の影響があったものの、着実に開発が進められた。また、後者の過剰人員は、新組織への採用や転職と労働組合の解体を抱き合わせにして進められた。

かくして、一九八六年一一月に国鉄改革関連八法案が可決され、一九八七年四月から国鉄は分割・民営化、上下分離という形で解体された。では日本道路公団はこの経験を生かしているのであろうか。政府の改革推進体制は国鉄民営化と比較してどうであったか、自民党内部からの抵抗はどのように抑えたのか、国鉄の赤字と高速道路の赤字は同じように深刻であったか、民営化することによって活用できる資産は国鉄と道路公団ではどのような違いがあるのか、等の点を考えると、用意周到さと政治力の結集という意味で、国鉄の民営化にもっと学ぶべきであったといえるようであるが、その点を考慮に入れて、考察を進めていこう。

**第三次行革審による改革**

国鉄の分割・民営化後において、特殊法人の改革を本格的に取り上げようとしたのは、第三次行革審であった。第三次行革審は一九九〇年一〇月に発足し、三年後の一九九三年一〇月の解散までに三次にわたる答申が出された。当初は、当時の海部首相が諮問した「国際化対応・国民生活重視の行政改革」を主なテーマに審議を重ね、一九九二年六月の第三次答申で当初の検討項目すべてを消化した。その後、首相は宮沢首相に交替していたが、残り一年間の任期のテーマについて首相と行革審が協議した結果、生活大国づくりの基盤となる行財政システムを整備するとの観点から、①中央省庁のタテ割りの弊害を減らす、②国と民間の役割分担を明確にする、という二点を中心に、「政府の役割」と「縦割り是正」の二グループに分かれて審議が行われた。①については、内閣官房の機能強化などを通して政府の総合調整能力を高め、国家公務員の採用制度や人事交流体制にも見直しのメスを入れ、②については、特殊法人の抜本的な見直しを取り上げ、日本道路公団、北海道東北開発公庫などの一部の特殊法人を民営化・統廃合・再活性化の方策について検討した。

最後の一年間の検討事項として取り上げられたこれらの項目は、一九九三年一〇月の最終答申に盛り込まれ、細川首相に手渡された。一九九三年はいうまでもなく細川政権が誕生し、五五年体制の終焉といわれた政権交代があった年である。答申では、「生産者中心から消費者・生活者中心の社会への転換」が必要だという認識を示して、国民負担の軽減や規制緩和、地方分権の推進、行政機構の見直し、特殊法人改革などを打ち出した。

特殊法人改革については、新聞報道などでは大幅な改革が盛り込まれると見られていたが、社会的意義が低下しているものは廃止・縮小を図るなど、一九九五年度までに総合的・全般的な見直しをするよう、各省庁に求めたにとどまり、具体的な法人名や改革の手順は示されなかった。

しかしながら、地方分権や省庁再編については、これまでの議論とは少し異なった方向が示され、またその後の経緯から判断すると、この第三次行革審の答申は、大きな影響を与えたものであったといえる。

**特殊法人改革**

では、その後の特殊法人改革はどのように進められたのであろうか。第三次行革審の答申後、細川首相は政権を投げ出し、一九九四年四月には短命に終わった羽田内閣が発足し、またその後に村山首相が登場した。村山内閣は、片山内閣以来の四七年ぶりの社会党政権として登場したが、宿敵自民党と新党さきがけの連立によりかろうじて支えられた政権であった。村山内閣は、細川内閣と同様に、行政改革を政権の課題として位置づけた。しかしながら、特殊法人改革については、閣内での統一も難しい状況で、建設大臣から日本道路公団の民営化について「民間になると大都市部への投資に限られ、国土の均衡ある発展につながらない恐れがある」と否定的な考えが表明されたりした。(1)

新党さきがけは一九九四年八月の段階で与党行革プロジェクト・チームに特殊法人改革の検討案を提出していた。そこには、民営化対象として二二法人があげられており、日本道路公団は第二次民営化グループ(一年間の経営形態等を検討後、九七年四月の民営化を目指す)の一つにあげられていた。また、国会や国民が経営内容を点検できるように、特殊法人の経営内容の開示(ディスクロージャー)を推進し、毎年の決算期ごとに経営内容を第三者がチェックする外部監査の仕組みを作る必要があると提言されていた。

一九九四年は日本道路公団の高速道路料金値上げ申請に対して、各方面から反対意見が持ち上がり、当初平均で九・三%引き上げる内容だったが、平均で七・二%に圧縮して認可されることになったことなど、日本道路公団に対する関心が高まっていた。値上げ反対意見の中には、日本道路公団の民営化を主張するものもあった。

こうした世論の状況の中で、政府は、各省庁に対して中間報告を総務庁に提出するよう要請し、連立与党の行政改革プロジェクト・チームが監督官庁から全法人の聴取を行い、一九九五年度までにという第三次行革審の答申に応えるため、政府は改革案の策定作業を進めた。村山首相も積極的にリーダーシップを発揮しようとしたものの、省庁・族議員の壁は厚く、一九九五年二月の段階では、「村山首相に限らず、五十嵐広三官房長官、山口鶴男総務庁長官といった、この問題で政権のエンジン役を果たすべき社会党の主だった顔触れが、影響力を発揮した形跡はない」と酷評された。(2)

その後、一九九五年三月末になって、具体的な法人の統合として、「日本輸出入銀行と海外経済協力基金の統合について」が閣議決定された。また、一二月には、「特殊法人のディスクロージャーについて」が閣議決定されたりしたものの、村山内閣は当初の意気込みとは裏腹に、特殊法人改革では大きな成果をあげることができなかった。

その後の橋本内閣も行政改革を政権の課題として位置づけ、積極的に取り組んだ。周知の通り、省庁再編を成し遂げ、特殊法人改革にも取り組んだが、成果はそれほど大きいものではなかった。橋本政権が発足した一九九六年では、四月一日の段階では特殊法人数は九二あった。その後、二〇〇一年四月では七七へと法人数は若干の減少を示しているが、廃止されたとしても形を変えて存続しており、数字合わせにすぎないといわれるゆえんである。

このように特殊法人改革をみてみると、その実質的改革はきわめて難しいことがわかる。それでは、日本道路公団の民営化はどうなのであろうか。

## 2　小泉改革と日本道路公団の民営化

小泉首相が郵政民営化を持論としていたことはよく知られている。しかし、日本道路公団の民営化という提案はいつごろからでてきたのであろうか。

小泉首相は、当初の段階で、民営化について、どこまで確信をもっていたのかは不明である。むしろ、民主党から民営化論が先に提案されていた。民主党は二〇〇一年一月の段階で、道路公団の民営化を参院選公約の目玉として打ち出す方針を固めたと報道された。[3] 民主党はその主張に具体性を持たせる狙いもあったのであろうが、高速道路の整備計画区間九三四二キロを整備し終えたら、「株式公開により民営化」を目指し、民営化後は地方公共団体に整備権限を引き渡すとした。

小泉首相の郵政民営化論については、従来からの主張であることはよく知られている。一九九二年の宮沢改造内閣で郵政大臣に就任し、「官業は民業の補完にとどまるべきだ」と主張したり、また「少額貯蓄非課税制度」（高齢者マル優）の非課税限度額拡大に反対する発言をしたり、郵便局の定額貯金の見直しに意欲を見せるなど、郵政省の方針や衆院逓信委員会の決議などに反する発言を繰り返した。また、一九九五年の自民党総裁選の際、推薦人三〇名が集められず、郵政民営化をおろせば集まるという圧力を受けつつも、それを断固として拒否したことも、その郵政民営化に対する執着心の強さを物語るエピソードとして知られている。

このように、小泉首相の郵政民営化論は郵政相に就任した一九九三年以降から活発に論じられるようになるが、日本道路公団の民営化論は首相になってからのようである。二〇〇一年四月の自民党総裁選での公約にも郵政民営化は何度も出てくるが、日本道路公団の民営化には触れられていない。ということは、四月の段階では、日本道路公団の民営化については、念頭になかったと考えられる。もちろん、上に述べた郵政大臣の当時から「財政投融資も行財政改革を進めるうえで見直しが必要だ」

と述べていることから、入口側の郵政改革と同時に、出口側として特殊法人の改革は不可欠であり、事業規模の大きさ等から日本道路公団が出口側の改革候補として取り上げられる可能性は高い。

小泉政権成立直後の状況を調べてみると、政権誕生から約一ヵ月経った五月の下旬に、小泉首相が石原行革担当相に日本道路公団の民営化を検討するよう指示したと報道された。(4) 記事によると、首相は同席していた石原行革担当相に「六月中には（改革方針を）出してくれ」と特殊法人改革などを前倒しするように指示した。さらに「日本道路公団の民営化も検討しないといけない」と具体的な検討を命じたという。その後、小泉首相は首相官邸で記者団に、特殊法人改革について「民営化できるところは全部民営化する」と述べ、日本道路公団の改革に関しては「民営化できるならするのが当然ではないか」と、民営化を含めて検討すべきだとの見解を示したという。(5)

こうして日本道路公団を民営化するという案が、内閣の取り組むべき具体的提案として動き始めた。首相の指示を受けて、石原行革担当相は、私的諮問機関として、「行革断行評議会」を設置した。(6) 委員となった作家の猪瀬直樹によれば、第一回の会合は六月八日に開かれ、「六月中に特殊法人改革について、およそ一八の事業類型に分け改革の方針を示す」、「公益法人についても夏までに改革の基準を示す」という確認が行われたという。(7)

## 小泉内閣の特殊法人改革

こうした動きの中、石原行革相が六月一七日、テレビ番組で、特殊法人に補助金などの名目で約五兆三〇〇〇億円が支出されていることについて、「数年のうちに一兆円を減らすくらいの気持ちをもたないといけない」と述べ、行政改革大綱で、行革の「集中改革期間」とした二〇〇五年までに支出を一兆円程度減らすことを目標に作業する考えを示した(8)。

ここでの集中改革期間とは、「行政改革大綱」(二〇〇〇年一二月一日閣議決定)の中で、「平成一七年までの間を一つの目途として各般の行政改革を集中的・計画的に実施する」とされた期間であり、二〇〇六年三月末までの五年間で、特殊法人等の集中的かつ抜本的な改革を推進するために、特殊法人等改革推進本部を設置して、特殊法人等整理合理化計画を策定する、という内容である。特殊法人の改革について、基本法を制定し、特殊法人等改革推進本部を設置しての本格的取組みとして受け取られたことから、新聞各社では「今度こそ、やってほしい特殊法人改革」(朝日新聞「社説」、二〇〇一年六月六日)、「今度こそ抜本的な特殊法人改革を」(日本経済新聞「社説」、二〇〇一年六月二三日)などの期待が寄せられた。

とはいえ、六月二二日の第一回特殊法人等改革推進本部で公表された「特殊法人等の事業見直しの中間とりまとめ」は、従来の延長線上のとりまとめであった。その後、八月一〇日の第二回特殊法人等改革推進本部では、行政改革推進事務局から「特殊法人等の個別事業見直しの考え方」が公表された。個別の法人ごとに事務局案と所管省庁の意見が併記されており、日本道路公団について、事務局案は、「近年の交通量の伸び悩み等を踏まえ、現在建設中(施行命令済み)の事業の凍結等による事業量の縮減、工事単価の見直し等による建設コストの縮減等を図るとともに、他の事業手法(例えば直轄事業）を導入するなど採算性の確保のための措置を講ずる」と述べられている。それに対して国土交通省の意見は、現行整備計画区間九三四二キロについては、「現行料金水準で償還可能である。将来交通量の伸び悩み等が生じた場合は、毎年度の事業量の調整など採算性確保のための措置を講じつつ、適切に整備を進める」と述べられた。事務局案でも民営化という方針は記されていないが、国土交通省の意見には民営化どころか、九三四二キロの建設を推進することが明言されているのである。

こうした状況を小泉首相はどのようにみていたのであろうか。新聞報道によれば、この「特殊法人等の個別事業見直しの考え方」が公表される直前の八月八日に、小泉首相は行革断行評議会の猪瀬委員と会談し、猪瀬委員が日本道路公団を分割・民営化すべきだと主張したのに対し、首相は「道路公団は改革の象徴。民営化できれば良い」と応じ、評議会で民営化を含めた改革案の作成を始めるよう求めたという[9]。

猪瀬委員によれば、八月六日にも首相に分割民営化案を説明したとのことであり、「八月八日は総理と正式に会ったかたちに」したとのことで、なぜそうしたのかその理由はわからないが、猪瀬委員側としては、首相のリーダーシップがあるからこそ進められるという認識を持っていたから、首相の強い発言を期待したものと考えられる。だが、新聞報道の首相発言からは、郵政民営化に対するような何が何でも民営化するという熱意は感じられない。

しかしながら、八月一〇日段階での新展開としては、扇国交相が民営化に前向きの発言をしたことであった。ただし、扇国交相は小泉首相が廃止や民営化を強く訴えていることを受けて、原則的に首相方針に従う姿勢を示しただけであった[10]。その後、八月二六日の「サンデープロジェクト」に出演した扇国交相は、日本道路公団の民営化について、「手順を前倒ししても（民営化までに）少なくとも二〇年はかかる」と述べたということから[11]、本音はやはり民営化に慎重であったのだろう。

一〇月から一一月にかけて、首相と自民党道路族との間での攻防が激しくなった。一〇月五日に小泉首相が償還期間は「三〇年程度で」という指示を出したが、国土交通省からは「国費投入なし」「償還三〇年」では高速道の建設はゼロになるという試算が示され、同時に自民党の国土交通部会、道路調査会、住宅土地調査会は、今後の高速道路の建設について凍結は認めず、現行計画通り進めるよう決議した。会議では「首相になったら、何でもできるという考えが間違いだ」と首相批判の声まで上がり、首相と部会側の対立が鮮明になった[12]。

しかし、小泉首相も一歩も引かず、「見直しをしないと廃止・民営化はできない。計画通り全部やれと言うんだったら、どこまで負担が重くなるかわからない。そういう無責任なことはしない」と述べ、現行計画の見直しは避けられないとの立場を首相官邸で記者団に語ったという[13]。

一一月中旬になっても決着はつかず、綱引き状態が続いた。小泉首相としては、整備計画の「見直し」を主張しているのであるから、見直しせざるを得ない状況を作り出すために、建設への国費投入の中止を求めており、国民負担の軽減をねらっているのである。しかし、「道路整備を優先する道路族側にもじわりと歩み寄る動きがあるが、隔たりはなお大きい」と報道された[14]。

## 首相と道路族の妥協

小泉首相は一一月一八日になって、特殊法人改革の最大の焦点である日本道路公団など道路関係四公団改革と、高速道路整備計画の見直しに関する基本方針を明らかにした。①現行の道路整備計画(九三四二キロ)を見直す、②日本道路公団に年三〇〇〇億円前後出している国費投入を来年度予算から中止する、③四公団は統合したうえで分割・民営化する、という三点である[15]。

他方で、自民党との調整も行っていた。一九日の自民党役員会で、山崎幹事長ら党役員会のメンバーと協議したいとの意向を表明し、また自公保三党の幹事長、政調会長らでつくる与党行財政改革推進協議会にも近く方針を説明することを、山崎幹事長が記者会見で明らかにした[16]。

そして一一月二一日、小泉首相は、当初示していた公団の借金の償還期間の「三〇年償還」への短縮にこだわらない考えを表明した。他方、自民党の有力議員らからは、首相が掲げる国費投入中止などに理解を示す発言も相次ぎ、ここに妥協が成立した。すなわち、首相側は三〇年へ短縮を譲歩したかわりに国費投入の中止を勝ち取り、党側・道路族側は国費投入の中止を受け入れつつ、五〇年かけての償還によって実質的に建設できる道を勝ち取ったという妥協である。

この後、一一月二七日に特殊法人等改革推進本部(第四回)が開催され、「先行七法人の改革の方向性について」が報告され、こうした合意が文書として公表された。道路四公団について、「内閣に置く『第三者機関』において一体として検討し、その具体的内容を平成一四年中にまとめる」とし、「新たな組織は、民営化を前提とし、平成一七年度までの集中改革期間内のできるだけ早期に発足する」と述べられ、また「国費は、平成一四年度以降、投入しない」と明記されており、「現行料金を前提とする償還期間は、五〇年を上限としてコスト引下げ効果などを反映させ、その短縮を目指す」とも明記されている。

自民党道路調査会長の古賀前幹事長は一一月二六日、政府・与党が合意したことを受けて東京都内で記者会見し、「(高速道路の)未着工区間について知恵を出せばやっていける。大きなブレーキにはならない」と述べ、年間三〇〇〇億円の国費投入を来年度からやめても、整備計画の未着工区間の建設は続けられるとの見通しを示した[17]。

一体、どちらの言い分が正しいのであろうか。いずれにせよ、上記の「先行七法人の改革の方向性について」は、一二月一八日の特殊法人等改革推進本部(第五回)で他の特殊法人・認可法人の改革案とともに、全部で一六三法人の改革案が「特殊法人等整理合理化計画」として承認され、翌一九日に閣議決定された。前年一二月の「行政改革大綱」および六月に成立した「特殊法人等改革基本法」に従い、作業が進められ、実質はともかくとして、形式的には廃止・民営化・統合が進むことになった。日本道路公団改革については、その後は「内閣に置く第三者機関」の委員の人選が焦点になっていく。

### 民営化推進委員会

小泉首相と自民党道路族による公団民営化をめぐる第二ラウンドは、二〇〇二年一月から始まった。

首相は、一月二三日、第三者機関「道路関係四公団民営化推進委員会」（仮称）の委員の人選について、国会の同意を求めない方針であることを、記者団に語った。国会同意人事にしない背景には、道路族議員や関係省庁の介入を排除する狙いがある。自民党内には「国会の同意が必要だ」との意見があるが、首相は「反発が出ても（国会同意は）求めない。私が責任を持って人選する」と語った[18]。

二月に入ると、自民党の道路関係の合同会議は五日、「国会の同意人事にすべきだ」として、対応を古賀道路調査会長に一任した。ただ、道路族議員は政府から人選の相談を持ちかけられる場合は国会同意にはこだわらない姿勢も見せていた。他方、小泉首相は同日、石原行革担当相に同意人事にしないよう改めて指示した。党執行部と古賀氏との調整が焦点になってきた[19]。

二月七日、自民党の山崎幹事長ら党五役と古賀道路調査会長が国会内で協議し、「国会の同意人事としない」とする小泉首相の方針を受け入れることで合意したという。理由は不明だが、実質的に国土交通省の意向、すなわち道路族の意向を反映している委員を人選できるという自信があったからであろうか。

道路関係四公団民営化推進委員会設置法は、国会に二月一五日に提出されたが、審議は四月四日から始められた。その後、四月二三日になって与党三党の賛成多数で衆院を通過し、小泉首相は記者団に「私の改革路線が着実に進んでいるいい例だ」と自賛したが、法案成立は早くても五月中旬と予想され、さらにずれこみ、ようやく六月七日になって参議院を通過した。その間、委員の人選について、水面下の調整が続けられた。

六月二二日になって、委員がようやく決まった。今井敬（日本経済団体連合会名誉会長、新日本製鐵代表取締役会長）、中村英夫（武蔵工業大学教授）、松田昌士（JR東日本会長）、田中一昭（拓殖大学政経学部教授、元行政改革委員会事務局長）、大宅映子（評論家）、猪瀬直樹（作家、日本ペンクラブ言論表現委員長、東京大学客員教授）、川本裕子（マッキンゼー・アンド・カンパニー、シニア・エクスパート）の七名である。[20] 首相は六月はじめの段階で、「抵抗勢力と妥協したかどうかは、人選を見てもらえば分かる」と強調する一方で、自民党道路族などの意見も参考にする考えも示していたが、全体としては与党にも配慮した「バランスのとれた人選」という評価もあったという。それでも「抵抗勢力」は反発していた。[21]

こうして道路関係四公団民営化推進委員会（以下、民営化委員会と略す）の第一回会合が、二〇〇二年六月二四日に官邸大会議室で行われることになった。民営化委員会の設置以降の動きは、大別すると三つの時期に分けることができる。第一段階は、委員会の答申が出る二〇〇二年一二月までの半年間であり、委員会の中でも多くの論点が議論された。第二段階は、この委員会の答申を踏まえて、政府としての案が作られた二〇〇三年一二月までの時期である。そしてその後の第三段階は、法の制定から実施に至る時期であり、二〇〇五年一〇月に高速道路株式会社が設置されるまでの時期である。その後は、株式会社に委ねられ、今日に至っている。

民営化委員会は一二月までの半年間で意見を提出することが求められたが、その前の八月末までに中間報告を出すことを第二回委員会で決めた。その後、一二月六日に意見書が提出された。その間に七人の委員がそれぞれの思惑を実現しようとして、一五〇時間にわたる議論を戦わせた。様々な議論が行われ、どのような思惑がどの程度組み込まれ、そして実現したのか、そうした問題意識を持ちながら公開されている会議録を読んでいくことも面白いかもしれない[22]。しかし、結論が分かっている今日の段階では、議論の推移を追うことではなく、いくつかのポイントについて、考察することにしたい。

**委員長辞任**

民営化委員会は、意見書提出直前に委員長が辞任するという前代未聞の状況に陥った。マスコミでも大きく報道され、国民の関心をさそったが、実は最初から大きな亀裂が委員会には存在した。

七人の委員の色分けについては、論者によってそれぞれの立場から色分けが行われるため、どのような解釈が正しいのか、筆者にとっても正確にはわからない。しかしながら、今井委員長と中村委員は、その経歴から国土交通省サイドで、建設推進派であることは明らかである。残りの五人については、細かい分類が可能であろうが、意見書提出の前に五人が会談して、意見の統一を図ろうとしたことなどから、意見書提出直前の段階では二対五の対決構造ができていたようだ。今井委員長と事務局は、分裂を避け、両案併記・両案添付で決着したいと考えていたが、五人は多数決でも一案に絞っていくべきと考え、その間の溝は深かった。

意見書提出の直前の一一月二九日の委員会で、対立点が明確になった。対立点としては、道路資産の買取の時期を明示するかどうか、新会社が保有・債務返済機構へ支払うリース代の決定方法を長期固定・元利均等と明示するかどうか、という点であるが、その他、新規に建設した道路試算の保有、上場時期、建設資金の支出スキーム、料金の一割値下げの時期、新会社の経理区分、地域分割は五社かどうか、など多くの点で意見が分かれた。建設推進派は具体的目標を入れることに反対したが、建設抑制派は具体的目標を入れて効果を見えやすくしようとしたといえよう。

新聞報道では、これまでの議論について、「出身母体を持ち出し、泥仕合」「鉄屋、鉄道屋、怒号飛び交う、紛糾」「慎重派と推進派全面戦争」「机たたいて激怒、中傷、亀裂拡大」などと表現された(23)。鉄屋、鉄道屋とは、今井委員長が製鉄会社の出身であり、松田委員がJRの出身であるということを指している。売り言葉に買い言葉の感情的な応酬であるが、委員会の議論ではしばしば罵り合いのような議論が展開された。

一一月三〇日の委員会では、ついに松田委員から委員長解任動議が出された。決着が付かないまま、意見書を提出する予定の一二月六日の委員会を迎えることになった。この日の委員会で、冒頭、松田委員から委員長解任動議が撤回され、今井委員長の司会で議事が始まった。しかしながら、意見の相違は厳然として存在しており、松田委員から、「この際は多数決の原理で裁決に臨んでいただきたい」と多数決が求められた。今井委員長は、「私は多数決に反対でございますので、田中委員長代理に譲りまして、私は裁決に加わらないということにいたしたいと思います。誠に残念ですけれども、わがままをお許しいただきたいと思います。どうも長い間、御協力ありがとうございました」と述べ、退室してしまった。

その後、中村委員から反対意見が述べられた後、五名の委員提出の意見案について採決が行われ、田中、松田、大宅、猪瀬、川本の各委員の賛成多数となり、田中委員長代理が「今日五人で提案した意見を我々の委員会の意見として総理に提出するということになります」と述べ、五人の提案が意見書として決定された。

それを受けて石原大臣が、「私が責任を持ってお預かりをさせていただき、小泉総理にお届けをさせていただきます」と述べたが、「ただ、残念なことに、これまで委員会の運営に全身全霊を捧げ御努力をいただいてきて今井委員長が委員をやめられ、……極めて異例の事態の中で、最終意見が決定されたことは政府としては遺憾であると申し上げざるを得ません。皆様方も地方の公聴会にお出ましをいただいて、生の声をお聞きになっていると思いますが、地方の皆様方の意見を考えますと、果たして政治的にこれでもつのかという疑問が残ります」という大臣の最後の挨拶が行われた。石原行革担当相の腰の引けた対応が印象的である。

田中委員長代理によれば、今井委員長を辞任に追い込むような「決定的なダメージを与えることになったと思われるのは、小泉総理が四日に意見書の内容について記者に語ったとされる報道」ではないかとのことである。小泉首相は、一二月四日の昼、記者団に対して、「結論を尊重すると言っているのだから、国会で通る通らないは考えなくていい。政治が判断する。閣議決定に沿って、いい結論を出してほしい」と述べたというが、[24]田中委員長代理は、その著書の中で、「これを聞いた今井委員長は、自分は突き放されたと感じたに違いない。その衝撃は察するに余りある、というべきであろう。おそらく、この時点で今井氏は『委員長辞任』を決意したと思われる」としている。[25]

また、塩川財務相も、建設推進派の今井委員長ら二人について、「国土交通省のいいなりになっている感じだな」と皮肉ったという。[26] もっともこの財務大臣の発言も、財務省は建設抑制・支出抑制の立場であるから、財務省のいいなりになっているといえなくもないが、この発言も今井委員長の耳に届いて、通俗的な表現だが、はしごをはずされたと感じたのであろう。小泉首相は委員会に「丸投げ」し、それをリードすることはなかった。首相が六日夜、記者団に語った言葉は、「一本化できればよかったんだけど、乱世だからこういうこともあっていい」と、自らの責任を棚上げした発言だった。こうして委員長は辞任したものの、五人の意見が最終意見となり、意見書が提出された。

### 上下一体か上下分離か

次に、上下一体か上下分離かという議論をみてみたい。中間整理も意見書も、どちらも組織のあり方として、上下分離を選択している。上下一体か上下分離かは、委員会の当初から議論されていた論点の一つであった。上下一体とは、新会社が高速道路を保有すると同時に高速道路の管理も行う方式であり、上下分離とは高速道路の保有組織と管理組織を別にする方式である。鉄道の場合は鉄道の保守点検と鉄道車両の運行管理が密接に関連して一体となっているため、上下分離は望ましくないと考えられている。イギリスの鉄道は上下分離方式を採用したが、そのために安全性が低下し、事故が起きたといわれることがある。しかし、ＪＲの民営化についても、上下分離方式が採用され、地方鉄道でも上下分離方式がある。道路の場合には、道路の保有と道路の管理と自動車の運行は別個に行うことが可能であるから、上下分離方式でもそれ自体に問題はないと考えられる。

上下分離か上下一体かの議論における焦点は、次のように整理することができる。上下一体方式のメリットは、会社が資産を保有し、管理するという企業活動としては一貫した活動ができ、株式の上場が可能となることであり、逆にデメリットは道路に対する固定資産税がかかることや分割により負債もそれぞれに分割されるため負債の調整が困難となることである。上下分離方式のメリットは、公的な組織が保有し「無料開放となる」という公共性があるとなれば固定資産税がかからないことや、本州四国連絡橋の巨額な負債を他の会社にも分散できることであり、逆にデメリットは資産を保有し管理するという企業活動としては一貫した活動ができないため、上場することは難しいことである。

中間整理では、「公租公課による資金の外部流出を避けるため」、「一定期間」、公的法人（独立行政法人）として「保有・債務返済機構（仮称）」を設置し、「法人税は非課税、固定資産税は非課税又は大幅に軽減する」が、「四公団の資産及び債務を継承する」として、上下分離方式を提案した。委員会の議論では、当初は上下一体論もあったが、夏の集中審議で川本委員の財務シミュレーションの結果が報告され、日本道路公団の財務状況は悪いという認識をした委員会は、上下分離方式に傾いていった。

最終意見でも同様に、「新会社各社の収益調整を図り、長期債務の返済をできるだけ早期に実現するため、保有・債務返済機構を設置する」とされ、収益調整は上下一体では困難であり、またできるだけ早期に実現するためには固定資産税などが免除される仕組みが必要だという考え方から、上下分離案が提案された。ただし、新会社は、発足後一〇年を目途に、機構の所有する道路資産の買い取りを行うとともに、この時点で機構は解散する、とされている。その理由は、田中委員長代理が上下一体論にこだわっていたため、一〇年後には上場が可能になる体制を整えるという妥協であった。この買い取りという方法は、国鉄の場合も同様で、新幹線鉄道保有機構は一九八七年の民営化の際に設置されたが、それから四年後の一九九一年にJR各社による買い取りが行われ、機構は解散した。

### 道路建設——新直轄の導入

提言の中で重要なことの一つは、今後の道路建設について、どのように提案されているかである。意見書では、「基本認識」として、「甘い交通需要の見通しと建設費の増加等によって膨らんだ約四〇兆円（二〇〇一年度末）に及ぶ長期債務の返済は、新会社による最大限の経営効率化と大幅な租税の軽減措置を前提としても、例えば金利の上ぶれリスクなどを考慮すれば決して容易ではない。そうした現状の厳しさからすれば、既存路線の通行料金に依存して（機構への返済原資を一部流用して）従来どおり建設を続けようとするのは容認し得ない」と述べている。

そして、この基本認識に基づいて、次のような三つの建設スキームが提示された。①合併施行／整備新幹線方式スキームは、新会社が採算性の範囲内で建設費を負担するが、採算性の範囲を超える分は国と地方が負担するという方式で、新会社と国・地方の合併施行である。②内部留保活用スキームは、新会社が単独で内部留保及び自主調達した資金を建設費に活用する。③直轄スキームは、国と地方が税金等で建設費を負担し、自ら建設を行う方式である。この場合には、「必要性の検証が改めて行われることとなり、不採算路線の建設に歯止めがかかる」と述べられているが、本当に不採算路線の建設に歯止めがかかるのであろうか。

この三つの方式のうち、①合併施行／整備新幹線方式スキームは、I章で述べた通り従来から行われている方式である。②内部留保活用スキームと③直轄スキームが新しい方式であるが、②は資金調達の方法は異なるが、税金を使わずに建設する方法であるから、これまでの方式と同じだといえなくもない。③は新しい方式で、税金だけで建設する方法である。これが後に「新直轄」と呼ばれることになる新しい方式である。

新直轄は新会社を民間企業として採算性の範囲にとどめるための方式であり、「不要な道路はつくらない」というスローガンは、新会社はつくらない、つくらなくてもよい、ということにすぎない。政府が税金でつくるので、新会社は企業としての採算性を悪化させる道路の建設はしなくてよい、ということである。政府がつくる理由は、「真に必要な道路はつくる」というスローガンで示されるように、政府が必要と判断すればよい。道路族は、この第三の方式を使えば、九三四二キロを完成させることができると判断し、この意見書を許容できるものと判断したと思われる。

このように考えると、民営化とは何を意味するのか、という根本的な問題に突き当たることになる。

## 3　民営化とは

民営化という意味を少し考えてみたい。特殊法人の民営化とは、特殊法人を民間企業に近づけることと理解できるが、どこまで民間企業に近づけたら、民営化と呼ぶことができるのであろうか。

政府の「民営化」についての見解は、民営化委員会では、第二回の委員会で事務局から、「民営化の定義ですが、実は特殊法人の整理合理化計画では非常に広範囲で使っております」という説明があった。

政府は従来から「民営化」という概念を幅広く使っており、一般の民間企業とほとんど同じ完全民営化（商法法人とし、株式を上場し、特別な根拠法が廃止される）から、その途上ともいえる特殊法人の中の一形態としての特殊会社という形態（政府が株式の全部または一部を保有し、人事などに国が関与する）まで、民営化の程度は幅広い。特殊会社とは、現在は日本電信電話株式会社、日本たばこ産業株式会社、関西国際空港株式会社などであるが、商法上の株式会社の形態をとっている。また、「完全民営化」という形態は、この特殊会社の形式を一般の民間企業とほとんど同じにした組織形態である。

特殊法人とはそもそも「特別の法律により特別の設立行為をもって設立すべきものとされる法人」を指すが、この根拠法が廃止されてなくなり（特殊法人ではなくなる）、商法に基づく一般的な株式会社となり、それまで国が保有していた株式は全株売却される。そのためには、上場されなければならないこととなり、現在では、国際電信電話株式会社、日本航空株式会社、電源開発株式会社など、全株式が売却されている。ＪＲグループについては、完全民営化されたのはＪＲ東日本、ＪＲ東海、ＪＲ西日本の三社にとどまり、残りの四社はまだ政府が株式を保有しており、計画では「できる限り早期に完全民営化させる」こととなっている。

ここでの主たる違いは、株式を上場させるかどうかであるが、民間企業であれば株式を上場するかどうかは重要な関心事だとしても、上場していないからといって民間企業ではないとはいえない。上場している企業は民間企業のほんの一部であり、上場していなくても民間企業として活動している団体はいくらでもある[27]。しかし、政府が株式を売却するためには、上場する必要があるが、高速道路が将来無料開放されるとなると、政府は株式を買い戻す必要がある。

**民営化の要素**

このように考えると、民営化が目指すべき民間企業とは、次のような三つの要素を持つべきだといえよう。すなわち、①採算性——商品（財・サービス等）を競争市場において販売し、継続的な収益をあげること、すなわち競争市場における採算性があること（独占的商品ではないこと、独占的な商品の場合には政府規制があり、市場機能は限定的となる）、②資金調達——資金調達における市場の判断が存在すること（上場もその一つであり、財投や政府補助金はないことを前提とする）、③経営の自立性——役員選任に政府が介入しないこと、また新道の建設のように経営に重大な事項に対する判断に経済外的な介入がないこと、である。こうした採算性、資金調達、役員人事における民間企業としての特徴こそが民営化の要素となるべきだが、政府が「完全民営化」と呼んでいる内容でさえ、それとはほど遠い。

では、日本道路公団がそうした民間企業になることを国民は望んでいるであろうか。そもそも高速道路サービス自体はきわめて独占性が高く、競争市場という要素を実現することは基本的に困難である。高速道路サービスは公共サービスであり、完全な民間企業としての特徴を有した団体に管理して欲しいとは国民は考えないのではないか。特殊法人としての日本道路公団の非効率性を抑制し、収支を改善する方法としての民営化として、限定的に「民営化」という概念を理解すべきなのである。

そのように考えると、上下一体か上下分離かという議論は、本質的な議論ではないことがわかる。上下一体でないと上場できないという論理は、ＪＲの民営化という前例に引きずられすぎている。資産はなくとも、プラスのキャッシュフローが継続的に生じていれば、資産があるかないかは関係がないという見解がある。例えば、「企業資産・資本価値がいくらであるかを知るには、将来（イン・アウト）キャッシュフローがいくらであるかが重要であり、簿価ベースで債務超過かどうかは全く意味がない」という[28]。

また、資産をどう評価するかという観点からも、日本道路公団の「道路資産額は真の資産価値からほど遠い」ことは明白である[29]。逆に、本州四国連絡橋は形式的な資産価値が高いが、管理費と利子費が高いため、通行料金でそれらをまかなうことができず、元金の返済ができないばかりでなく、借金は増え続けており、キャッシュフローは常にマイナスである。こんな資産を民間企業がかかえたら、とても採算性など確保できない。

では、新会社には民営化という方向性について、どのような要素が求められるのであろうか。高速道路の経営とは、高速道路を建設して、通行料を徴収して、建設費を返済する、ということである。そこには、①建設資金を調達し、②高速道路を設計して工事を請け負わせ、③維持管理し、④料金を収受して、⑤元利返済するという一連の業務がある。これらの業務をどのように分割し、そのうちどの部分を民営化された企業に委ねるのか、この枠組みの設計が企業としての採算性と大きく関係する。むしろ、採算性が確保できる業務を委託するにはどう分ければよいか、という考え方が必要かもしれない。

この意味での採算性に関していえば、高速道路の建設から元利返済までを含めて採算性を確保することは、今日の段階では不可能である。③維持管理と④料金収受の業務だけを取り出して、料金収入の一定割合をその経費に割り当て、その範囲内での経営を委ねる、という方法は一つの考え方としてあり得るであろう。

ただし、維持管理における採算性の確保は可能であるが、料金水準や償還年数によって維持管理に使える金額が異なるので、採算性というより、どの水準の維持管理を期待するかという議論になってくる。その水準が低ければ、道路の清掃や除雪などの作業を少なくすることになり、その水準が高ければ、道路パトロールなどの不要な業務も頻繁に行われることになる。経営の話というより、委託契約の設計の話になってくる。

また、料金収受業務についても、外部委託の形で、競争を導入することは可能である。だが、料金をどのように決定するかという経営の基本となる部分については、決定権を自由に行使することはできないであろう。高速道路における料金収受という業務は、難しい業務ではなく、ETCの普及により、やがて漸減する業務であり、どのように漸減するかという見通しがないかぎり、効率的な業務の管理は難しい。ETCの開発・設置・普及という政策は、料金収受業務を廃止する方向に向かっており、一体として考えないと高速道路サービスは非効率なものとなる。

では資金調達の領域ではどうであろうか。この点については、政府および政府系資金の提供を中止することによって金融市場からの調達は可能である。しかしながら、資金調達という業務だけが独立して存在するわけではなく、どの道路のための資金か、将来その道路の採算性はどうか、という建設予定の道路に関する個別の判断が必要である。そのためには、判断のための材料の提供が適切かどうかという問題があり、従来の交通需要予測は建設のためのものであるから、どのような予測を行うのかという手法の問題も生じてくる。また、個別の路線の判断をした上で資金を供給するかどうかを判断したとしても、失敗した際の責任追及は別の問題となる。

このように考えると、高速道路サービスの民営化という考え方は、経済学や経営学の観点から望ましい姿を描き出すということはほとんど不可能であり、政治学・行政学の観点からどのように考えるかという問題であることがわかる。不採算であることが明白な道路をどこまで建設するかという問題は、政治学でしか答えを導き出すことはできないのである。

道路株式会社が順調な経営となり、株式が上場され、一般国民もそれを買うという事態があり得る。NTT株が当初大人気となったように、高速道路会社もなりうる。そして、株価の上昇により利益を得、また配当を受けるということがありえる。しかしながら、よく考えてみると、配当とは利用者が払う道路料金の一部が配当に回るわけだが、配当が出るくらいなら、料金を引き下げることが必要である。となると、「ピカピカの上場会社」などという概念が公共サービスにあり得るはずがない。

**政治学的民営化に求めること**

では、政治学としてどのように民営化を捉えるべきであろうか。従来から指摘されていることは、①これ以上借金を増やさない（道路を建設しない、あるいは採算性の悪い道路は建設しない）、②公団としての非効率性を排し、効率的な業務運営を行う（維持管理にファミリー企業がかかわりコスト高となっていること、過剰な割引制度、偽造カードの防止不徹底、不要な研修施設、贅沢な保養施設等々）、③利用料金の引き下げ（国民感情への対応）などである。こうした課題は、民営化という方法によって解決可能なのであろうか。

①道路建設については、既に述べた通り、民営会社には一定の範囲での建設を委ね、採算のとれないことが明白な路線は新直轄方式を採用することとなった。しかし、後に明らかとなったように、どの範囲を建設するかについて、民営会社は選択権を行使することができなかった(30)。民営化の効果はな

かったといってよい。

②効率的な業務運営については、民営化委員会がマスコミを使った日本道路公団の無駄というキャンペーンを引き出し、公団に対する国民の反感を高めたことから、民営化の大きな目的に位置づけられたといえよう。例えば、反感の強い天下りについて、意見書では、「日本道路公団ＯＢが七〇〇社に二五〇〇人、首都高速道路公団ＯＢが三〇〇社に五三〇人、阪神高速道路公団ＯＢが一五〇社に二八〇人、本州四国連絡橋公団ＯＢが九〇社に一五〇人天下っていることが判明した」と述べられている。[31] こうしたファミリー企業を伴う非効率の固まりのような日本道路公団批判は猪瀬委員の従来からの主張であった。

こうした無駄をみる限り、特殊法人という仕組みが無駄を作り出す元凶であるように思われる。すなわち、特殊法人は政府あるいは準政府組織として営利を追求してはならないという建前のもとに、子会社を設置してそこに利益を蓄積し、本体組織はその影響を受けない、という仕組みである。民間企業ならば連結決算で当然不可能なことであるが、ここでは可能となる。こうした特殊法人の問題の解決は、他の特殊法人にも適用すべきであるが、その課題追求は曖昧なままである。道路関係四公団については、民営化という方法である程度の無駄の排除、効率化という課題が達成されるものと期待されるが、逆に民間企業だからという理由で、隠される可能性もある。

③利用料金の引き下げについては、民営化という方法を国民にアピールする目に見える成果として主張された。経営上からみても、従来の割引制度が不正な利用を誘発したことから、これを廃止して、

利用促進型の割引制度を導入すれば、十分に目にみえる割引が可能である。料金に関する規制を緩和すれば、日本道路公団の時代でも可能であったはずであるが、そうした問題意識がなかったことがそもそも特殊法人という仕組みの欠陥である。ということは、民営化の成果としてあげることができる。

民営化という手法は、ショック療法として意味はあるが、経済的にはこの程度の小さな成果だけを期待すべき小手先の改革手法なのである。政治学・行政学からの①と②の改革を本筋としてしっかりと進める必要がある。

**これからが政治の責任です**

民営化委員会の意見書を受けて小泉首相は、二〇〇二年一二月六日の夜の会見で、「これからが政治の責任です」と語り、その後に予想される道路族との戦いで、委員会の意見書を尊重する方向で積極的に取り組むかと思われた。それからおよそ一年後の二〇〇三年一二月に政府と与党の案が示された。その間の経過を概略的にみてから、政府与党合意の内容をみることにしよう。

委員会の最終報告を受けて、首相から国交相に対し報告内容の精査や法案化などの作業を進めるよう、指示が出された。しかし、扇国交相は閣議後の記者会見で、高速道の建設抑制に反対する与党の意向を重視する姿勢を示し、委員会の報告通りの法案作成には否定的な考えを鮮明にした。早くも足下から抵抗が示されたわけである。

だが、国民の意見は委員会の答申に好意的であった。朝日新聞社の世論調査によれば、委員会の最終報告を六四％が評価しているとの調査結果が出た。高速道路は「もうつくらない方がよい」とする建設抑制派は六割を超え、整備が不十分な地方でも過半数を占めた[32]。また、日本経済新聞の世論調査でも、委員会の最終報告については、「評価する」などの肯定派が五六％を占め、否定派の三二％を上回った[33]。

年が明けて一月三一日の閣議後の記者会見で、道路公団民営化のための法案とりまとめに向けて、国交省と四公団が事務レベルの作業部会を開いて、具体的な検討に着手したことが明らかにされたが、その後は、「幻の財務諸表問題」とそれに続く「藤井総裁解任問題」とによって、日本道路公団内部のゴタゴタに世間の注目が向いてしまい、中身の話はなかなか浮上しなかった。

幻の財務諸表問題とは、民営化委員会の川本シミュレーションでは日本道路公団は赤字であり、国費の投入が必要というものであったが、このシミュレーションの真偽が曖昧にされたまま、委員会での議論はとりまとめられた。国交省は日本道路公団が赤字なのか黒字なのかを明確にするため、民間並みの財務諸表を作成することとした。建設を推進したい国交省として黒字の財務諸表を示したいと考えたのである。その財務諸表が最終答申から半年も過ぎた二〇〇三年六月、ようやく公表された[34]。

国土交通省および日本道路公団はこれまで財務諸表はない、と説明していたのである。ところが、五月の段階で朝日新聞が入手した日本道路公団作成の財務諸表によると、公団は六〇〇〇億円余りの債務超過に陥っているという内容であった[35]。それに対して扇国交相は、聞いたことがないと答えている。日本道路公団も否定した。ところが、七月になって『文藝春秋』で、日本道路公団が財務諸表を作成していたと内部告発があった。そこでは、六一七五億円の債務超過であったというのである。朝日新聞が入手した資料とほぼ同じ債務超過額である。

この後、この問題をめぐる藤井総裁の答弁が混乱を引き起こしたという理由で、藤井氏を解任しようとする動きが生じてきた。これまで藤井総裁をかばっていた扇国交相が内閣改造で退任し、新たに行革担当から国交相に横滑りした石原大臣がその初仕事として、一〇月五日、「藤井総裁更迭」に着手しようとした。ちょうどこの日は、自由党と民主党が合併を発表した日であり、藤井総裁を更迭することによって、改革姿勢のアピールをねらった政治劇であるともいわれている。ところが藤井総裁はそれを拒否し、国土交通省による解任処分の聴聞が開催されるなど、泥沼化し、ようやく一一月一三日になって、近藤新総裁が内定するという状況であった。

このような混乱のせいではないと思うが、民営化委員会は政府案が出されるのをじっと待っていたものの、なかなか政府案が出てこないため、一〇月二八日、しびれを切らせて勧告を出すことにした。そこには、「政府は、政府・与党協議会に付議する前に、相当な時間的余裕をもって、当該付議案を当委員会に示し、当委員会のこれに対する見解を求めることを要求する。以上について国土交通大臣に対して指示するよう、道路関係四公団民営化推進委員会設置法第二条第二項に基づき、内閣総理大臣に勧告する」と述べられている。

## 国土交通省の三案

このような勧告は、田中委員長代理が述べているように、「異例中の異例」なのであるが、小泉首相のリーダーシップが依然として発揮されないいらだちを示していた。そしてやっと国土交通省から出てきたのが「悪名高い」ＡＢＣ案であった。一一月二八日の政府・与党協議会に提出された資料が民営化委員会に示されたのである。

概略を示せば、Ａ案は、民間会社として自立性の高いもので、一〇年目を目途に道路資産を買取り（私有化）、債務完済後も、新会社は永続的に道路資産を保有し、有料道路として事業を経営する。特徴として、資金調達能力や採算性に問題があり、新規建設は極めて困難であるとされる。

Ｃ案は自立性の低いもので、道路資産の買取りはせず、債務完済まで機構が道路資産を保有し、債務完済時点で、機構は解散し、道路資産は国等に移管され、無料開放される。特徴として、機構が料金収入（リース料収入）を会社に直接充当し、必要な道路を建設することが可能であり、機構が建設資金を直接負担することにより建設に歯止めがかからない、民営化委員会の意見書では否定されている、と述べられている。

中間のＢ案は、どちらかというとＣ案に近く、道路資産の買取りはせず、債務完済まで機構が道路資産を保有し、債務完済時点で、機構は解散し、道路資産は国等に移管され、無料開放されるという点はＣ案と同じである。特徴としては、「会社が、資金を自己調達（料金収入による担保）し、必要な道路を建設することが可能、新規の建設にあたっては、新会社の自主性を尊重」すると述べている。

**政府・与党の基本的「枠組み」**

約一月後の一二月二二日、政府・与党協議会が開催され、予想通りB案に近い内容が法案の「枠組み」として決まった。田中委員長代理は一二月二二日夕刻、事前に総理に直談判して、①新会社は経営の自主性を持つこと（効率性・経営責任確保、上下一体）、②債務の早期着実な返済、③いかなる形においても、保有債務返済機構から建設のための資金を還流させない（必要性の低い、債務の膨張につながる有料道路建設の停止）、④地域分割、⑤料金引下げ、の五点について、委員会の意見を採り入れるよう、「国土交通大臣を指導していただきたい。そうでなければ、委員会意見は無視されたことになり、民営化推進委員会そのものが不要であり、委員である意味はないので、職を辞すこととしたい」と明記した文書を渡していた[36]。田中委員長代理は、二二日の記者会見の席で上の文書と同じ論点の文書を配布して、委員を辞任した。

ここでの反論はもっともな点も指摘しているが、今後の運用にかかわる問題も多い。特に会社の自立性については、建設はこの一〇年以内に行われることから、この一〇年間が重要である。その後は、単なる維持管理会社になるのであるから、建設するか否かの判断はそれほど重要ではない。一〇年間を許容したということは、実は最も重要な時期を許容したということになる。一〇年後の見直しについては、不明確であるが、この段階で細かいことを決めることは望ましくないと思われる。

## 抜本的見直し区間

政府・与党の「枠組み」に関する重要な論点は、「抜本的見直し区間」の設定についてである。「枠組み」は、「近年の経済社会状況や交通量実績等を反映し、厳しく将来交通量を精査するとともに、費用対便益に加え、採算性やその他外部効果を含めた厳格な評価の結果を踏まえ、次の五区間の路線・区間の整備のあり方を抜本的に見直す」とした。そして、抜本的なコスト削減を図る区間として三区間一〇八キロを指定し、また、「同等機能を持つ複数の道路が完成したため、更に新たな道路を追加する必要性を見極める必要のある」ものとして、二区間三五キロを指定した。

この見直し区間について、一二月一二日の朝日新聞夕刊に、「民営化推進委の一人が『五区間の「抜本的見直し」とは凍結という意味だ』と、建設に一定の歯止めがかかったと評価するのに対し、道路族は『整備計画九三四二キロは変わらない。着実に建設を進める』と主張。双方が自分に都合がいいように解釈できる」という記述がある。ここでの「民営化推進委の一人」とは猪瀬委員である。彼がこの案づくりにかかわった経緯は、彼の『道路の決着』第四章に書かれているが、「抜本的見直し区間」とは「凍結」であることを主張していた。道路族は当然、凍結とか廃止と書かれていないことから、継続のチャンスがあると解釈する。小泉首相のリーダーシップが適切に機能していない証拠ともいえる。一体どちらなのかは、時間が経過しないとわからないことである。

だが、これまでは、当然のごとく、九三四二キロを建設することとされていたことから考えると、わずか一四三キロであるが、「抜本的見直し区間」が生まれてきたこと自体に小さな変化をみることができる。また、そもそも整備計画区間も数年ごとに増やされてきたのであるが、それが固定されたかのような議論になっていることも大きな変化であることを加えておく必要があろう。現在の自民党政権の下で、こうした「改革」が行われたこと自体が不思議といえば不思議なのである。とはいえ、改革の成果はあまりにも小さい。

### 第一回国土開発幹線自動車道建設会議

政府・与党協議会で決定された「枠組み」に基づいて、一二月二五日に開催された国土開発幹線自動車道建設会議で基本計画と整備計画が変更された。基本計画については、新直轄方式の導入により、建設主体の変更とインターチェンジの追加等の変更である。整備計画については、九三四二キロが決定されているが、完成していない七一区間（二〇〇三年度末で一九九九キロ）のうち二七区間（六九九キロ）を新直轄方式で整備するという変更である。一五年間の事業費枠三兆円のうち、二・三兆円分を一度に決定した。いうまでもなく、税金を投入することで早期に完成させることを意図している。

道路公団の民営化で現行通り有料高速道路として建設できる区間が絞り込まれることを懸念した国土交通省や自民党道路族の主導で、政府・与党が新直轄方式の導入を決めた。国交省は、計画地域の知事らから有料道路として整備するか、新直轄方式に切り替えるか、意見を聴いたうえで、二〇〇三年一一月に区間ごとの採算性や「費用対便益」などを判断して総合評価点を公表した[37]。

会議の委員は、二〇名である。会議は午後二時から三時三〇分までの一時間半であり、まず道路局長の司会で会長が互選された後、石原国土交通大臣の挨拶があり、審議に入った。まずは、事務局からの説明があり、これでほぼ半分の時間が費やされた。残りの四五分が質疑の時間となるが、二〇人の委員全員が発言すると、一人二分少々となる。当然、全員の発言時間はない。

まず、一人目の委員から、新直轄方式の区間について、全体が三兆円で、今回の提案が二・三兆円とのことだが、道路公団の民営化法案の国会提出前の時期に、全体の七、八割の予算規模の区間を今日一回の会議で決めてしまうのはいささか性急でないか、国民への説明責任が果たせないのではないか、という質問から始まった。質問は簡潔に行われたが、これに対する道路局長からの答弁は、評価をしっかりやっており、また県が負担してでも進めたいという部分が新直轄であるので、県の意向を十分に聞いており、今後会社とも相談するが、会社ができない範囲が三兆円なので、まだ残りが七〇〇〇億円あり、今後の調整が可能なので、七〇〇〇キロを提案した。要するに、評価と県の意向を聞いているので、大丈夫という説明である。

長々と説明して時間を消費していくという方法は国会の審議と同様である。こうした質疑を続けた後、九人目の質問が出て、ここで時間切れとなり、会長から「議案についてお諮りしたい」と提案された。「異議なし」の声ののち、「原案のとおり決定することにご賛成の方は、恐縮ですが、挙手をお願いしたい」と促され、賛成者が挙手し、会長から「挙手多数と拝見しましたが、よろしいでしょうか」と確認され、「賛成多数でございますので、議案第一号及び第二号につきましては、原案のとおり決定をさせていただきます」と承認された。

この後、道路局長から、会議で決定したことが記載されている資料によって決定の確認が行われた後、「抜本的見直し区間」についての説明が行われた。この件については一人だけ質問が許された。内容は、道路というのはネットワークなのに真ん中のところだけが切れてしまうというのは、国全体としての大きな便益から、ほんとうにいいのか、という問題であった。その意味は、「抜本的見直し区間」に近畿自動車道の滋賀県大津市〜京都府城陽市間の二五キロ、京都府八幡市〜大阪府高槻市間の一〇キロが含まれており、地元として見直しは反対であるという趣旨である。この発言を最後に、会長が閉会を宣言した。なお、ここで報告された抜本的見直し区間のうち、「明らかに有料道路に適さないと想定される区間」としてあげられた三区間（北海道縦貫自動車道の士別市〜名寄市・二四キロ、北海道横断自動車道の足寄町〜北見市・七九キロ、中国横断自動車道の米子市〜米子市・五キロ）は、審議事項としてすでに新直轄への変更が決定されているので、新直轄で整備すると宣言された。見直し区間だという報告とは、矛盾するのではないか。

以上が、第一回国土開発幹線自動車道建設会議の議事の概略である。高速道路の法的な手続きとして、この会議は重要である。とはいえ、中身はきわめて儀礼的であり、実質的には国交省の決めたことを国幹会議で決めたとする儀式以外のなにものでもない。国土交通省のひとり芝居であり、また国土交通省の案を政府の案としていく手品であり、マネーロンダリングのようなものだという印象をつよく感じる。

議事録を読む限り、こんな会議は不要だという印象をもつ。実質的に意味がないばかりか、形式としても意味がない。(38)しかしながら、扇大臣やその他の道路族議員がしきりに述べていたように、「国幹審で決めたことだ」という意味は、その前に「自民党が決めたことだ」という文脈があるのであろう。しかしながら、国民にとっては何ら意味がない。あえていえば、高速道路をめぐる議論を紹介し、国民に広報するという公表・公開という意味があるといえるかもしれない。もしそうであれば、国会の委員会を充実させるべきであろう。

## 4 法案提出と道路公団の実態

年が明けた二〇〇四年一月二〇日、国土交通省から道路関係四公団の民営化関連四法案の骨子が発表され、三月九日に閣議決定され、通常国会に提出された。四月二七日に衆議院を通過し、参議院は六月二日に通過して、六月九日に公布された。民主党からは「高速道路無料化」を盛り込んだ対案が提出されたが、議論はすれ違い、本格的な論戦が展開されることはなかった。

四法の役割分担は、①「高速道路株式会社法」が会社の設立、業務等に関することを規定し、②「独立行政法人日本高速道路保有・債務返済機構法」が機構の設立、業務等に関すること、③「日本道路公団等の民営化に伴う道路関係法律の整備等に関する法律」が会社の行う有料道路事業の手続き等に関すること、そして④「日本道路公団等民営化関係法施行法」が民営化に伴う経過措置等に関することを規定している。

二〇〇三年末の政府・与党協議による「枠組み」に沿って法案化されているが、問題となった点として、会社の持ち株比率と債務の政府保証がある。「枠組み」では「会社は将来、株式の上場を目指すものとし、その時期、方法等については民営化後の経営状況等を見極めた上で、判断する」とされており、比率については特に書かれていなかった。上場されるまでは政府が一〇〇％保有するわけであるが、民営化委員会は一〇年を目途に上場と提言していたが、一〇年では難しいと判断し、「民営化後の経営状況等を見極めた上で」という曖昧な規定となった。それがいつかということよりも、政府の持ち株比率が先に問題となった。ということは、株式の一〇〇％売却という完全民営化はない、と判断されたといってよい。この対立は、政府と道路族ではなく、国土交通省と日本道路公団の対立であった。

国交省は当初「上場した後も国が五〇％か過半数の株を保有すべきだ」と主張し、他方、公団は「借入金への政府保証は必要だが、国の出資比率はできるだけ低く」することを求めていた。国交省が五〇％以上を主張した最大の理由は、これまで通りの高速道路建設を「保証」するためである。未完成区間の建設費七・五兆円は新会社が調達するが、機関投資家への聞き取りでは、政府保証なしでは調達コストが一兆円以上増えかねないことが判明した。「資金調達に政府保証をつける以上、国が経営に関与するのは当然」（国交省幹部）という理屈だ。[39] しかしながら、最終的に、ＮＴＴと同じ比率の三分の一以上を政府が保有することで決着がついた。

資金調達に政府保証をつけることについても、批判が強かった。しかしながら、資産のない会社の債務に投資家が手を出しにくいと指摘され、国債との金利差が広がって、資金調達コストが高まるが、それでも経営の自主性を選択するかという問題となる。公団側は政府保証を選択した。会社の立場から考えると当然の選択であろう。

**ハイカの偽造被害**

民営化法が通過すれば、民営化という改革も八割が終了である。民営化委員会も開店休業かと思われたが、実は日本道路公団という特殊法人が浪費の巣窟であることを具体的事例で示し、国民の関心を呼ぶことになった。ハイウェイカード偽造問題、ファミリー企業による利益隠し、社宅・保養所・分室問題、そして橋梁談合と続いた不祥事は、日本道路公団がまさに伏魔殿であったことを示した。民営化委員会懇談会は再びマスコミに取り上げられることになった。

「我々の想像を超える深刻な事態が起こっていたということがはっきりしたということで、かなりショックを受けております」と、近藤総裁は、二〇〇四年七月一四日の民営化委員会懇談会で語った。ハイウェイカード、通称ハイカは、一九九九年五月に初めての偽造が発覚し、偽造対策として同年八月にはホログラム・透かし印刷付きの新型ハイカ五万円券に切り替えられた。同年一〇月には一万円券、一一月には三万円券も新型に切り替えられた。ところが二〇〇〇年一二月には、新型ハイカの偽造券が発見されたが、この段階では日本道路公団は新たな偽造対策として、チェックシステムの構築やセキュリティの高度化を検討中でもあったことから、五万円ハイカの廃止は考えなかった。しかしながら、二〇〇一年八月、偽造被害の多かった阪神高速道路公団は五万円ハイカの販売停止に踏み切った。日本道路公団としては、代替施策がなく、ETCもまだ全国展開されず、試行の段階であったことから、販売停止することは、社会的な影響が大きいと判断した。二〇〇一年一〇月、ハイカ機器の盗難があったが、それにもかかわらず、販売を継続した。ところが、二〇〇二年四月に導入したチェックシステムの実績から、偽造による被害規模は今までの認識よりも大きくなる可能性が判明した。そこでようやく、二〇〇二年一一月、高額ハイカの廃止という決定に至り、二〇〇三年三月、五万円券と三万円券の販売が停止された。

日本道路公団の特命作業チームによる報告書（二〇〇四年九月二七日）によれば、「偽造に対する抜本策として高セキュリティなIC化も検討されたが、ETC車載器の普及促進の妨げになりうるとの判断から、実現しなかった」とされているが、ETCの普及を優先した結果、逆に偽造対策が遅れたといえるのではないだろうか。

被害額については、正確な数字がなかなか明らかにされなかった。二〇〇四年二月二五日の民営化委員会懇談会で、猪瀬委員の質問に対し回答した被害額は、総計約二〇億円と説明された。ところが、近藤総裁が「想像を超える深刻な事態」と語った同年七月の段階では、一八〇億円～二〇〇億円程度と推計されていた。さらに、上の特命作業チームによる報告書では、二五〇億円規模に達する状況と述べられていた。その上、二〇〇五年四月の段階では、偽造ハイカ被害三三〇億円という数字が出てきた。さらにまたその一年後の二〇〇六年三月には、東日本、中日本、西日本の高速道路会社三社から被害額は「最悪の場合は四〇〇億円に達する」と報告された。被害額の計算さえも困難であるということは、本物と偽造の区別がつかないような偽造を許したことを意味しており、その無責任体制にはあきれるばかりである。被害を被害と考えなくてよいシステム、それが特殊法人のシステムなのであろうか。

### ファミリー企業、分室・保養所と社宅問題

このことは、ファミリー企業との関係にも表れている。ハイカの製作は、ファミリー企業の一つであるＨＴＳ（ハイウェイ・トール・システム株式会社）に委託されていた。この会社は売上一四〇億円、従業員九〇〇人、幹部は道路公団天下りで占められている。売上一四〇億円のうち、ハイカ関係が三分の二を占めている。ハイカの廃止はこの会社の存亡にかかわることであるから、ハイカの廃止ができなかったと猪瀬委員は指摘する(40)。

ファミリー企業の問題点については、『日本国の研究』以来、作家猪瀬が追及してきたことである。その執念が意見書にも反映されている。そこには、「基本認識」として、「ファミリー企業」とは、「出資関係はないものの、業務上のつながりが極めて強い公団関連企業」を指すが、「実態は公団ＯＢの天下り先であり、公団からの外注業務を独占してきた公団の利益共同体である。公団本体が巨額の債務を抱え、国民に高額な通行料金と税金の負担を求める一方で、ファミリー企業は道路ビジネスを独占し汗をかかずに利益をあげる構造を作り上げてきた」と指摘する。また、「今回の改革にあたっては、ファミリー企業改革は公団改革の根幹を成すという位置づけで、臨む必要がある」と述べ、民

営化という改革手段を使った高速道路建設・管理の高コスト体質の改革が主目的であるかのように述べられている。

委員会はファミリー企業の実態調査を行い、その結果、これまで「民間企業」であることを盾に巧妙に隠蔽されてきた公団とファミリー企業との構造的な関係を明らかにした。それによると、公団OBの受け入れ人数と公団等からの業務受注に明白な相関関係がみられたという。すなわち、OB受け入れ先企業に優先的に業務を発注しており、受け入れ人数が多いところほど多くの業務を受注しているという関係であり、業務の必要性というよりもOBの雇用の維持という目的から、これら企業が存在していると考えられると述べている。

また、ファミリー企業間では、相互に株式を持ち合っている実態が確認された。くわえてファミリー企業間での受注業務は複雑に入り組んでおり、この資本と業務が網の目のように絡みあう癒着構造の解消が早急に必要であると指摘している。果たして民営化はこの解明に役立つのか、あるいはこの関係を解消させる方向に進むのであろうか。

道路四公団本体の職員数は一万一五〇〇人強である。意見書の資料三によれば、公団本体を核として、惑星のようにとりまくファミリー企業までを一体で考えれば、実に五万八五〇〇人を超える巨大な道路公団グループが存在しているということになるという。

こうした身内に甘い構造は、分室・保養所、社宅などの公団所有施設にもみることができる。日本道路公団の資料によれば、分室は北海道から九州まで全国で一五ヵ所に所有しており、全分室に専属調理人がつき、「兼六分室（金沢市）」や「芝分室（東京都）」など観光地に近い物件もある。職員に対して観光での利用も呼びかけていた。二〇〇三年度は約四万三〇〇〇人が利用したが、維持管理はファミリー企業が請け負っており、赤字額は年間二億二七〇〇万円となっている。また、この赤字が高速道路や一般有料道路の建設費などから分室を維持するために補塡されていることも判明した。(41)

また、道路公団の社宅（職員宿舎）について、社会的な常識から逸脱する事態が明らかになった。公団の職員数は八三〇〇人だが、公団が所有する社宅は七三〇〇戸もあり、ほとんどの職員が社宅に入れる状況であった。入居は六〇八九名で、空室が一〇〇〇戸ほどある。すなわち七戸に一戸が空室であり、複数の宿舎の貸与を受けている職員は三八八名いる。(42)

このような無駄を許容し、本体の公団の赤字はそのままという経営体質は、「母屋でお粥をすすり、離れでスキヤキを食べている」（塩川元財務相）と表現された。民営化委員会は、こうした日本道路公団の無駄を指摘し、新聞の社会面に話題を提供した。(43)

### 橋梁談合

橋梁談合事件も、特殊法人が内部利益を優先する無駄の固まりであることを示した事例である。民営化委員会が日本道路公団の無駄を追及していた二〇〇四年から二〇〇五年にかけて、市場規模最大といわれた橋梁談合の調査が進行していた。

二〇〇四年一〇月五日に公正取引委員会が橋梁メーカー四〇社に対し、翌六日には三〇社に対し独禁法違反の疑いで立入検査を行った。公正取引委員会はこの立入検査で談合を確信したものと思われるが、二〇〇五年二月一二日の朝日新聞によれば、談合組織は「K会」「A会」であること、幹事会社が「ワーク」と呼ばれる会合で「チャンピオン」（落札業者）を決めたこと、公団OBの親睦団体「かづら会」が関与していたことなど、多くの事実がこの段階で記事として明らかにされている。

その後、二〇〇五年五月二三日の告発を受け、二六日にはメーカーの担当者一〇数名が逮捕され、本格的な取り調べが開始された。捜査が進み、やがて道路公団の関与が明確になっていった。六月に入ると、元道路公団理事の聴取が行われ、元理事も容疑を認め、検察も公団ルートの立件の方針を固めた。六月末になって公団本社が強制捜査の対象となり、七月になって公団元理事が逮捕され、同月二五日には現役の副総裁も逮捕された。

どのように談合が進められたのであろうか。新聞報道によれば、もともとは道路公団幹部が自ら工事をどのように配分するかという「配分表」を作り、落札予定業者を決める「天の声」（発注者の命令）を出していた。ところが、一九九三年のゼネコン汚職事件を機に、メーカーに天下った公団幹部が配分表を作り、公団側の承認を得たうえで受注調整する方式に換えた。

具体的には横河ブリッジに天下った公団元理事が落札予定業者を決め、その業者を指名競争入札の際に参加業者に含め、談合組織の調整に基づいて落札予定業者が落札する。この公団元理事は、橋梁メーカーに天下りした公団OBの親睦団体「かづら会」の幹事を務める談合の仕切り役であった。「いい橋をつくるためには業者任せにせず、自分が割り振った方がいいと思った」という趣旨の説明をしているという[44]。

また、元副総裁は談合とは別に、分割発注を行い、公団に対して損害を与えたという背任の容疑がもたれている。分割発注とは、発注の単位を細かく分割して多くの業者に発注することであるが、副総裁が技師長を務めていた二〇〇四年五月、業界の談合の仕切り役だった元理事から依頼を受け[45]、公団静岡建設局が約九八億円で一括発注を決めていた「第二東名高速道路富士高架橋工事」の分割発注を指示し、受注できるメーカーを三社から五社に増やし、公団に諸経費など少なくとも約五〇〇〇万円の余分な支払いをさせて損害を与えた、とされている。元副総裁は「分割発注を指示したことはない。冤罪だ」と容疑を全面否認している。「大規模事業は適正な規模で分割発注すべきで、若干費用は増えるが、道路に携わる企業の育成のために必要。日本経済の活性化のためにも大切だ」として「背任にはあたらない」と主張した。

この分割発注については、そもそも三社という分割が適正であるかどうか、五社が適正であるのかについては、橋梁技術に関する専門的な判断と経営に関する判断の両者を総合して判断されるべきことであろう。しかしながら、一社に発注した場合には三社よりも安くなる可能性があると考えられるので、そもそも三社に分割した決定については、そのコスト増をどのように考えるべきであろうか。いずれにせよ、結論は裁判所の判断に委ねられた。

もう一つの論点として、天下りの確保という問題である。公正取引委員会は二〇〇五年九月の段階で、日本道路公団に対し官製談合防止法に基づく改善措置を求めることとした[46]が、その背景には道路公団職員の天下り先の確保があったと断定したという。天下りについては、ファミリー企業への発注とも関連しているが、前述の通り、そこでは天下りを受け入れる人数と受注額との相関関係があると指摘されていた。少なくとも談合組織「K会」と「A会」に加盟する橋梁メーカー四七社のうち、三六社に四三人が再就職していたという。また四七社のうち四二社に、国交省（旧建設省を含む）の退職者一九七人が天下りしていることが明らかになった。天下り確保が官製談合の理由だったとすれば、国交省からの天下りはどのように考えるべきであろうか[47]。

**談合は割に合わない**

橋梁談合については、その後、公正取引委員会が独占禁止法に基づき、横河ブリッジや石川島播磨重工業などメーカー四四社に総額約一二九億一〇四八万円の課徴金納付命令を出したことが二〇〇六年三月二八日に公表された。この課徴金の金額はこれまでの最高額であるという[48]。

また、東京高裁で行われた裁判では、独占禁止法違反（不当な取引制限）の罪に問われた橋梁メーカー二三社などに対する論告求刑公判が二〇〇六年七月一四日に行われ、同年一一月一〇日に判決が出された。裁判長は「社会に与えた損害も甚大だ」として、罰金六億四〇〇〇万～一億六〇〇〇万円、総額六四億八〇〇〇万円を言い渡した。元公団理事など企業側の八被告は執行猶予付きの有罪判決とした。独禁法事件の罰金額では、これまで一億三〇〇〇万円が最高だったことからみると、厳しい判断がなされたといえよう。また、東京高裁は二〇〇七年一二月七日に別の元理事に対し、懲役二年執行猶予三年の有罪判決を言い渡した。なお、元副総裁はまだ公判で争っている。

また、二〇〇六年九月の段階で、違約金も請求されることになった。国土交通省と旧日本道路公団の民営化で発足した高速道路株式会社四社は同月一二日、談合に加わった三八社に対し、損害の一部として計約六七億円の違約金を請求した。二〇〇三年度に国関連の公共工事に違約金制度が導入されて以来、一つの事件での請求額としては最高額となる。施工中の工事の請負業者や、談合の事実関係を争っている業者には別途請求し、最終的な請求総額は一〇〇億円規模になるという。

さらに、株主訴訟がいくつかの会社に対して提起された。談合組織に加盟していた三社の株主三人が二〇〇六年七月三一日、三社の元社長ら歴代役員二一人を相手取り、指名停止措置で受けた損害など計約一八億円を三社に賠償するよう求める訴訟を東京地裁に起こした。提訴されたのは、石川島播磨重工業（東京都江東区）、三井造船（同中央区）、住友重機械工業（同品川区）の二〇〇二～〇五年当時の役員だという[49]。これらの訴訟については、まだ結論は出ていないものの、「談合は割に合わない」という文化を醸成する大きな動きをつくることになろう。

### 民営化後の状況

二〇〇六年一〇月、「独立行政法人日本高速道路保有・債務返済機構」および六つの高速道路株式会社（東日本・中日本・西日本・首都・阪神・本州四国連絡の六高速道路株式会社）が設立され、民営化会社による高速道路の運営が始まった。高速自動車国道を管理する三社にはそれぞれサービスエリアを管理する子会社が設立され、またその他の業務を請け負う多数の子会社が設立され、日本道路公団時代よりも複雑な組織体制で行われているといえよう。

二〇〇七年一〇月現在における有料道路の整備状況（供用延長）については、国土交通省資料によれば、東・中・西の三社が経営する高速自動車国道が七四三一キロ、一般有料道路が八三五キロで、合計八二六五キロとなっている。また、その他の三社および地方道路公社の管理する道路を含めると、一万二七九キロの有料道路が供用されている。こうしたデータは、日本道路公団時代にはそのホームページで得られたが、七つに分割された結果、全体を把握する情報が探しにくくなっている。各会社のホームページには利用者向けの情報が充実され、財務状況なども公表されているが、高速道路全体に関する情報は国土交通省も含めて、きわめてわかりづらくなった。分割民営化のマイナス効果の一つと感じられる。

二〇〇六年一二月に、社会資本整備審議会道路分科会に「有料道路部会」が設けられ、一年後の二〇〇七年一一月に「道路関係四公団の民営化後の新しい課題に対応した有料道路事業のあり方（中間答申）」が出された。この答申によれば、現在の高速道路の課題として、①高速道路に並行する一般道路が混雑する一方で、高速道路の交通容量に余裕のある区間が多く存在（全体の約六五％）するほか、曜日や時間帯による交通量の格差や利用状況のばらつきが生じていること、②料金水準が諸外国と比べて割高となっており、また内閣府の世論調査（二〇〇六年七月）でも「今より低い料金水準とすべき」との意見が五割を超えていること、③インターチェンジの間隔が欧米の約二倍の約一〇キロとなっていることや暫定二車線の区間では死亡事故率が高いこと、などが指摘されている。このような課題は民営化前からも認識されていたことであるが、民営化によって解決できる課題ではなく、高速道路の基本に立ち返って見直す必要があるといえよう。

# Ⅲ章 一般道の歴史

## はじめに

本書のⅠ章、Ⅱ章では高速道路についてみてきたが、物流という意味では確かに高速道路が重要である。とはいえ、我々の日常生活という観点からは、一般道路がより重要であり、一般道路を使わなければ高速道路にたどり着くことはできない。本章からは、一般道路について考察を進めるが、まずは一般道路の歴史について、みてみることにしよう。

道路の歴史は人類の歴史とともに古い。いや、道路をどう観念するかにもよるが、けもの道は人類の生まれる前から存在したであろう。人類がかかわった道を道路と呼ぶならば、道路の管理は人類の最も古くからの公共的業務の一つであった。一般論として、交通の発達は交易・通商である。シルクロードや琥珀の道など、貴重品や嗜好品の交易を目的とした交通が古来より存在した。こうした交易が盛んになる以前は、生活圏は比較的狭く、道路も地域内にとどまったであろうが、交易の経験はさらなる交易へと社会を導いたにちがいない。また、政治的にも道路が必要とされた。すなわち、統一政権の形成と地方支配のための基盤として、道路は不可欠なものであった。

封建社会は領主が独立して地域を支配する構造であったため、地域内の交通は活発であったが、地域間の交通は、むしろ敵からの攻撃を弱めるために、抑制された。また、攻めにくいところに城を造り、あるいは堀で囲んで、敵からの攻撃に備えた。

近代社会に入ると、統一国家を形成したため、地域間の交通が開放される。また、安全な通行を君主が臣民に保障することが道路行政の目的となる。近代国家は国家間の競争となるため、国内産業の発展に尽力するが、交通についても産業発展の基盤であることから、道路の整備が進められる。

道路行政に関する江戸幕府と明治政府の違いは、江戸幕府は敵の迅速な兵力の移動を抑制して、河に橋を架けず、むしろ自然の障害を活用した。明治政府は、国内の敵の攻撃というより、国内各地に発生する反乱・暴動を鎮圧するための軍隊を迅速に移動させる必要から交通・通信網を整備した。ただし、明治時代は鉄道優先政策がとられたため、道路の整備は後塵を拝したが、一部では積極的な道路整備が行われたところもある。日本における自動車時代は戦後のことであるが、世界的には第一次世界大戦で自動車の有用性が確認され、圧倒的な自動車時代が到来した。

## 1 明治初期の道路行政と機構

一八六七（慶応三）年一二月、朝廷は徳川慶喜からの大政奉還の申し出を受けた後、「王政復古の大号令」を発し、明治新政府の成立を宣言した。ここに二六四年にわたった徳川封建制が終わりをつげ、近代国家への第一歩が踏み出されることとなった。この王政復古の大号令とともに、三職制が設置され、総裁の下に置かれた七科の一つである「内国事務」が明治新政府における道路行政担当の最初の組織であった。名称は律令制に倣ったものであるが、右に述べたように、新政府はやがて近代国家の交通政策としてそれまでの封建社会とは根本的に異なる政策を展開することになる。

内国事務について、内国事務総督は、議定三条実愛他四名が任命され、内国事務掛には、参与大久保利通、広沢真臣他六名が任命された。内国事務総督の所管の中に、「水陸運輸駅務」とあることから、道路行政を担当するところと考えられる。翌一八六八（明治元）年二月には、「三職を八局に分つ」とされ、内国事務局と改称された。その後、閏四月には、「政体書」が出され、形式的な三権分立体制がとられたが、立法としての議政官、行法としての行政官、神祇官、会計官、軍務官、外国官の五官、司法としての刑法官の七官が置かれた。(1) 会計官の下には、営繕司が置かれ、土木事務を所掌し、道路行政を担当した。

一八六九（明治二）年に入ると、実質的に地方を掌握する版籍奉還に先だって、四月、太政官内に民部官が新設され、道路行政を担当することとなった。つづいて六月、「民部官職制」が定められ、民部官内に土木司他の五司が設置された。土木司の職務は、「道路橋梁堤防等営作を専管するを掌る」と定められ、ここにおいて民部官土木司が初めての土木行政専管の機関として設置された。しかし実際には会計官下の治河司も土木事業を行っていたので、民部官土木司が土木行政全般を扱うのは、治河司が廃止された七月からである。七月八日になって「職員令」が制定され、民部官が民部省と改められたが、その管轄事務はほとんど変わらず、土木司・地理司・駅逓司の三司が置かれ、土木司が従来通り道路を担当した。しかし早くも八月には民部省・大蔵省が事実上合併され、大蔵省営繕司を廃止し、民部省土木司にその事務を移管した。この合併では、民部・大蔵両省が並立したままで設置されていたが、卿・大輔以下が兼任することとして、事実上両省の事務が合併されたのである。

しかし翌一八七〇（明治三）年七月には再び民部省・大蔵省は分離され、民部省には土木司他の五司六掛が設けられ、土木司が道路を担当した。ところが同年一〇月になると工部省が新設され、翌一八七一（明治四）年七月に民部省が廃止され、民部省の所管事務はほとんどが工部省および大蔵省に移管されることとなった。八月に入ると工部省の寮司が定められ、一等寮として工学寮他、二等寮として土木寮を含めた計一〇寮と測量司が設けられ、道路は工部省土木寮の管轄下となった。しかし工部省は、工業部門の殖産興業政策の推進をはかることが主目的であったため、一〇月には工部省土木寮の所管事務が大蔵省に移管され、民部省・大蔵省の分離とともに、大蔵省土木寮が設置され、道路を含む土木行政を担当することとなった。道路行政担当官庁としての大蔵省土木寮は、内務省が設置されるまでの二年余り続いた。

その間、政府内の勢力争いは激化していった。すなわち、一八七二～七三（明治五～六）年の一連の内政改革あるいは征韓論争の過程で、大久保らと西郷・板垣らの対立が激化し、さらに士族の不平、農民の不満が増大し、国内情勢は悪化した。このような危機状況において、大久保の独裁といわれる有司専制体制が一八七三（明治六）年一〇月の政変によって成立した。その直後の一一月一〇日、内務省の設置が公布された。大久保派は征韓派を抑えて新内閣を成立させ、速やかにその標榜するところの内治優先の政綱を内外に表明し、内務省を新設することが緊急の課題であったからであった。

**府県奉職規則**

こうした中で、新政府が出した道路行政に関する文書として、「府県奉職規則」がある。これは一八六九（明治二）年正月の版籍奉還の直後、二月五日に施政の大要を示した「府県施政順序」が行政官から各府県（旧幕府領地で朝廷の直轄とした土地）に通達され、さらにそれを詳細に示したものであった。そこには、「堤防橋梁道路の修繕怠るべからず。常に其得失を検査し、絵図並積り書を以て民部省へ伺出、其決を受け於施行は府県の任とす。尤堀割分水新たに水利を興し又は管轄所交互する治河等は、時宜により当省より出張、其地方官と戮力《りくりょく》施行すべき事。但天災非常の破損一日も遷延し難きは此例に非ず。其以下瑣少の修繕等は総て其府県に委任す、追て届出べし」と規定されていた。「道路の修繕怠るべからず」と最初に述べられていることより、当時の新政府が道路の維持を重視していたことがうかがわれるが、その施行は「民部省へ伺出、其決を受け於、施行は府県の任とす」としていることより、中央政府は決定を出すだけで、実際の管理はすべて府県に委任している。もっとも当時の新政府に直轄で修繕をする人的な余裕はなかったであろう。版籍奉還の直後であり、しかも国内情勢が不安定で、中央政府における道路行政機構も変転していることを考えれば、強力な監督が行われたとは推測し難い。ところが、このような中央の監督、地方の執行という行政のパターンは、以後の布告に一貫している。この意味で、明治期における道路行政の原型が、はやくも一八六九年のこの「規則」によって明らかにされたと指摘することができよう。

### 治水修路等の便利を興す者に税金取立を許す

その後、I章での「有料道路」の説明の際に引き合いに出した、一八七一年一二月の布告（太政官布告第六四八号）がある。内容は、治水や道路の修繕を行う者に対して「税金」の取り立てを許可するというものである。その内容は「治水修路の儀は地方の要務にして物産蕃盛庶民殷富の基本に付、府縣管下に於て有志の者共、自費或は会社を結び、水行を疏《とお》し、嶮路を開き、橋梁を架する等、諸般運輸の便利を興し候者は、落成の上、功費の多寡に応じ、年限を定め、税金取立方被差許候間、地方官に於て此旨相心得。右等の儀願出候者有之節は、其地の民情を詳察し、利害得失を考え、入費税金の制限等篤と取調、大蔵省へ可申出事。但本文の趣管内無洩可相達事」というものであった。

道路の修繕が重要であることを示しているが、政府自らが全面的に施行するに十分な財源がなく、民間人の財力に依存して、道路の整備をはかろうとした制度であると考えられる。それにしても、この段階で、民間の財力・活力を活用しようという制度が作られたことにむしろ驚くべきであろう。この布告に基づいて「彼の天下の難所として人口に膾炙《かいしゃ》する大井川に明治八年架橋されたのも、或いは難路と言はれた東海道金谷日坂の峠が改良されたのも此制度の運用に依ったのであって道路の改良が此制度に負ふ所が少なくない[2]」と指摘されている。

**道路掃除条目**

翌一八七二（明治五）年になって、道路の掃除に関する布告が出されている（太政官布告第三二五号）。この布告には、「近来道路掃除の儀、多くは等閑に相成、甚以下相済事に候条、各地方官に於て厚く注意し、追て道路の制被相立候までは、従前掃除請持有之道路は勿論、持場無之場所は最寄町村へ公平に割渡、左の条目の通、掃除可為致事」とされ、道路の最も身近な管理である掃除を、市町村の責任としたものである。最後に、「右の通堅可相守候。若等閑に差置に於ては、掛り官員巡廻の節、吃度可申付事」と定め、強い語調で強制している。このことに関して、「当時の路政当局者が『甚以下相済事』と冒頭せることと併せ考へ其の熱意の程も推察される[3]」との解釈もあるが、逆に、「近来道路掃除の儀多くは等閑に相成」と書き出されているように、道路管理が不十分であったことを示すものでもある。

この布告は、旧道路法の制定に伴い、廃止されたが、旧道路法にはこの種の規定はなかったため、「軒先地先の道路を掃除し障害物を除去し、除雪、除草、撒水等を為すにも一々管理者の命令又は許可あるに非ざれば法上之を為すことを得ざるが如きは、如何にも社会の実際に即せざる制度である[4]」と批判された。今日でも同様な指摘が可能である。

**河港道路修築規則**

次に、一八七三（明治六）年八月二日になって、重要な道路関係の規則が制定された。「河港道路修築規則」（大蔵省番外達）であるが、ようやく河川・道路等に関する近代的な制度を志向する規則が出されたといってよい。この「規則」の内容は次のようなものである。すなわち、まず道路を一等道路、二等道路、三等道路の三種に区分し、一等道路は「東海中山陸羽道の如き、全国の大経脈に通ずる」道路とし、二等道路は「各部の経路を大経脈に接続する往還枝道の類」、三等道路は「村市の経路等」としている。

費用負担については、一等道路の「工事の費用従来官民混淆の分担は、六分は官に出て、四分は地民に出づる。其の四分は大蔵省に納め、其の更正（屈曲せる道路を直線にし、新に路傍に溝渠を設ける類を言う。以下之に倣う）、修繕（暴風霜雨等の為、崩潰せる河港道路を修むる等を言う。以下之に倣う）の工事は、図面並に目論見帳、同省へ可伺出事」とされ、二等道路の「工事の費用従来官民混淆の分担は、六分は大蔵省より下渡す可し。而して更正修繕の工事は、地方官之を施行し、費用は其の利害を受くる地民に課すべし。尤も其の課方の処分は地方官に委任す可き事」とされた。要するに一等道路、二等道路ともに国が六割を出費し、一等道路については、「図面並に目論見帳」を大蔵省に「可伺出事」とされているが、残りの四割も「大蔵省に収め」るのであるから国の事業としての実施を意図していると思われる。二等道路については、六割が大蔵省から「下渡」され、残りの四割は「地民に出づる」もので、地方官が施行する。三等道路については、国庫補助はなく、すべて「利害を受くる地民」に地方官が独自の判断で課税し、地方官が工事を施行する。

また監督規定も以前のものに比べやや詳細になっている。すなわち、「二等以下の道路と雖も之を更正するに至ては、大蔵省の許可を得て施行す可き事」(第五則)とされている。また、「地方官に於て専任施行する修築と雖も、総て清算帳は年々大蔵省へ可差出事」(第六則)と規定されている。以前は施行の認可という事前の監督中心であったが、「清算帳」のチェックという事後的な監督が新たに加わったといえよう。

この「規則」は、「道路についても路政確立の一画期をなすもの」と指摘されている。[5] 確かに、道路に等級を付した最初のものであり、国と地方の費用負担を明らかにした点等、その近代的道路制度の芽生えをみてとることはできる。しかしながら、等級の考え方などは江戸時代の道路をそのまま踏襲しており、また費用負担の制度もその後の実際を考慮すれば、近代的な道路制度として運用されていくにはまだしばらく時間が必要であったといえよう。

**一八七六(明治九)年の太政官布告**

この後、一八七六(明治九)年に、旧道路法成立までの基本法といわれる太政官布告第六〇号が出された。この布告は、問題となっていた費用負担については、「追て一般布告候迄、従前の通り相心得べし」とされ、先送りされたが、道路の等級を定めたという意味では、重要な布告であった。すなわち国道については、一等が「東京より各開港場に達するもの」、二等が「東京より伊勢の宗廟及各府各鎮台に達するもの」、三等が「東京より各県庁に達するもの及各府各鎮台」を連絡するものとされ、また道幅について、国道一等は道幅七間、二等は六間、三等は五間、県道は四間乃至五間とされた。(6) すなわち、この布告は道路の種類・等級そして道幅について定めたものであって、費用負担・工事施行については何も示されていない。この意味では、旧道路法成立までの基本法とは言い難い。

この布告に費用負担が明確にされなかった理由は、地租改正が全国的に完了していないことにあるが、一八七八（明治一一）年になって三新法の成立とともに定められた。この点は後述するが、まずは道路の種類・等級がこの布告以後どのように整備されたかをみてみよう。

道路の種類・等級を行政運営において現実化するためには、具体的に路線を指定して種類・等級を定める必要がある。内務省はこの布告の直後から道路の具体的認定のための努力を開始した。すなわち、一八七六年六月、府県に対し道路の等級を定めて図面を提出するよう通達し（内務省布達乙七三号）、国県道の全国的かつ実質的な掌握に乗り出した。この調査に基づき、一八八五（明治一八）年一月になって、太政官布告第一号で、「国道線の等級を廃し、其幅員は道幅四間以上、並木敷湿抜敷を合せて三間以上、総て七間より狭少ならざるものとす。但国道路線は内務卿より告示すべし」とされ、国道のみ等級が廃止され、その幅員が七間とされ、一八七六年の布告の国道一等へと統一された。続いて二月、内務省告示第六号として国道表が告示され、国道四四路線が定められた。ここにおいて初めて具体的に国道路線が指定されることになった。続いて一八八七（明治二〇）年、軍事国道として一六路線が追加告示された。したがって国道については計六〇路線が指定され、これが後述する一九一八（大正七）年の旧道路法の成立まで続いた。
しかし府県道については、具体的な路線が指定されなかったため、府県は「仮定県道」として認定し、府県費をもって管理した。さらに里道については、いかなる認定もなされず、「国道は主務大臣、仮定県道は地方長官之を積極的に決定し、其の残余に属する従来の道路が所謂里道として扱われたに過ぎなかった」[7]といわれている。さらに明治二三年になって郡制が施行され、郡も道路費用を負担することとなり、郡費支弁里道が生じることとなった。これに伴い府県も里道の整備に加わり、府県費支弁里道が生じ、ここに里道は、府県・郡・市町村の三者が入り乱れて費用を負担することとなった。

**三新法と道路の費用負担**

次に費用負担の制度をみると、一八七八（明治一一）年七月に至って「三新法」、すなわち「地方税規則」、「郡区町村編成法」、「府県会規則」が制定された。「地方税規則」には「地方税を以て支弁すべき費目」として「河港道路堤防橋梁建築修繕費」（三条）が掲げられ、ここに道路は原則として地方の負担であることが示された。と同時に、地方税の支出と町村・区の協議費としての支出の区別は、「凡そ地方一般の利害に関すべきものは地方税支弁の部に属し、其町村限り区限り又は数町村共同の利害に係るものは其町村又は区内限り協議費の支弁に属すべし」（太政官無号達）と定められた。しかし、翌一八七九年二月、「河港道路堤防橋梁費」については、地方の慣行によってこの基準によることが難しい場合には、「府県会の決議を経て暫く旧慣に因り施行し」（太政官無号達）てもよいとされた。さらに一八八〇年になると、財政が厳しいので、「地方税を以て支弁すべき府県土木費中、官費下渡金は来る十四年度より廃止す」(太政官達第四八号)とされ、国庫補助が廃止された。

その後、一八八八(明治二一)年に至って、市制町村制が制定され、続いて一八九〇年に府県制・郡制が制定されたが、これらはいずれも従来の慣例により、府県郡市町村はその負担に属する費目を負担することが義務とされ、したがって道路費は一切が地方の負担であることが地方制度においても確認されることとなった。ここで形成された地方制度は、「中央官僚が地方自治体を掌握できる制度に整備することであった[8]」と指摘されているように、階統制的な地方行政の監督が強化されたのであるから、道路費の負担のみを地方の義務とし、その他の管理については中央集権的運営を確立したものであった。

以上のごとく、明治前半における道路関係の法令は、きわめて断片的であり、内容も不十分なものであったが、中央集権的な行政の仕組みと費用負担が慣例的に形成された。その内容については、近代的道路行政といえるものではないとしても、政変が繰り返される不安定な政治状況の中では、中央集権的手法が強化されていく過程としてみることができよう。その典型は、福島事件[9]であるが、道路整備の必要とそれに反しての不十分な行政資源という乖離を強権的統制で乗り越えようとした明治新政府の姿が現れてくる。やがてこうした中央集権的行政運営が制度化されていくことになる。

## 2 旧道路法の制定とその後

旧道路法が制定されたのは、一九一八（大正七）年のことであるが、それまでの間、断片的な布告や達・訓令を統一化して、基本法としての道路法を制定しようという試みが何度か行われた。

そうした試みの最初が、一八八八（明治二一）年の「公共道路条例」と「街路新設条例」であった。これらは閣議には提出されたが、決定されるには至らなかった。続いて一八九〇年、第一回帝国議会が招集されたのに伴い、右の二案を統一して道路法案を作成し、閣議に提出されたが、これも議会提出には至らなかった。一八九六（明治二九）年になって再度「公共道路法案」が作成された。これは一八九三年頃より地方長官の意見を聴取し、さらに一八九五年には土木会に諮問するなどの調査を繰り返して作成されたものであった。この「公共道路法案」は閣議決定を経て、第一〇回帝国議会に提出されたが、不成立に終わった。この「公共道路法案」は行政庁への委任命令が多すぎるとの理由で否決された。

その後、一八九九（明治三二）年、一九一一（明治四四）年、一九一七（大正六）年にも道路法案が作成されたが、実現するには至らなかった。この一九一七年の法案が、翌一九一八年に第四一回帝国議会に提案され、可決された。一八九九年以来約二〇年ぶりの提案であり、一八八八（明治二一）年の「公共道路条例」以来三〇年を経て、ここにようやく懸案であった道路に関する基本法が成立した。

## 道路はすべて国の営造物

一九一八（大正七）年の道路法案の根本原則は、すべての道路を国の営造物とし、国の行政機関が管理する、というものである。換言すれば、国道から町村道に至るまですべて道路は中央政府の営造物であり、町村道の管理も中央政府の出先機関としての町村長が行い、公共団体の長として管理するのではない。いわゆる「機関委任事務制度」として位置づけられた。このような考え方は、従来の考え方と同様であるが、法文上には明記されていないものの、議会の答弁では明確に語られており、その意味で道路行政における中央集権的性格が法制度上は強化されたことになる。

この点については、地方自治との関連において、質問が出されている[10]。すなわち、道路をすべて国の営造物として、費用だけを自治体に負担させるという制度は、「自治の発達を阻碍する所以ではなかろうか」との質問に対し、床次竹二郎内務大臣は、「道路を国の営造物と見たと云う事に付ては、今御話の如き問題を惹起するだけの事柄ではないと思うて居ります……唯々道路其物は国の営造物であると云うことを決めただけの事であります」と答え、道路は国の営造物であるという考え方を採用していることを明言していると同時に、ただ決めただけだという。また、法文上には「国の営造物」という規定は見当たらない理由については、床次は貴族院での答弁で、「国の営造物と云うことに付ては、色々学者の間にも議論がある様に聞いて居りますから……何等国の営造物と云う文字を用いた次第でもありませぬ、其の辺の議論はどうでも宜かろうと思って返事を致した次第です。但し主義は右様な考へを以て此の法案を作ってございます」と述べている[11]。要するに、学者間の論争に政治的配慮を加え、国の営造物という文字は用いなかったが、主義として道路は国の営造物として法案を作成した、というのである。道路を国の営造物とすることの得失は、後述する論争で詳細に出てくるが、床次の「唯々……決めただけ」、あるいは「其の辺の議論はどうでも宜かろう」との発言は、軽率であるといわざるを得ない。なぜなら、営造物がどこに属するかによってその管理に関する最終的決定権限の所在が異なり、管理責任の所属も異なることになるからである。

それでは、このような原則に基づいて制定された旧道路法は、どのような特色をもつのであろうか。

**中央集権的性格**

第一に、中央集権的性格であるが、道路は国の営造物であり、管理は行政庁主義を採用するという点を法文上から検討してみることにする。「本法に於て道路と称するは一般交通の用に供する道路にして行政庁に於て……認定を為したるものを謂う」(一条)とされ、道路の認定は行政庁で行うことがまず明確にされる。道路の種類は、「一国道、二府県道、三郡道、四市道、五町村道」の五種とされ(八条)、これがそのまま道路の等級をも意味している(九条)。各路線の認定者は行政庁であるが、具体的に示して、国道は主務大臣、府県道は府県知事、郡道は郡長、市道は市長、町村道は町村長(一〇〜一四条)と定められている。道路の管理についても、「国道は府県知事、其の他の道路は其の路線の認定者を以て管理者とす」(一七条)とされている。要するに国道についてみれば、路線の認定は内務大臣だが、管理は府県知事とされているのであり、その他の道路は認定も管理も国の機関としての公共団体の長とされる。すなわち、管理に関してはすべて公共団体に委任しているのだが、いうまでもなく、その委任は機関委任事務としてである。したがって地方議会が関与することはできない。さらに監督規定において、管理行政の大半が「監督官庁の認可を受くべし」(五二条)として、一〇項目にわたって規定している。[12] そのうえ、「監督官庁は、監督上必要と認むるときは、前条の行政庁又は管理者に対し、前条各号に掲ぐる事項又は其の変更廃止若くは取消を命じ、其の他命令を発し、又は処分を為すことを得」(五三条)と定め、強力な中央集権的統制を確保している。

このような中央集権的道路行政は、旧道路法以前から行われていたものである。中央政府がいつ頃からこのような考え方を保持するようになったのかは明確ではないが、明治二〇年代前後ではないかと考えられる。その時期に地方制度が確立され、あるいはまた道路に関する最初の法案である「公共道路条例」が作成されたからである。

旧道路法以前から道路行政の中央集権的運営がなされていたとすれば、旧道路法制定の意義は、中央集権的行政運営を樹立するという点にあるのではなく、その中央集権的行政運営に法的根拠が与えられたという点に求められねばならない。換言すれば、内務省内での考え方が、法律の考え方として承認されれば、行政運営においてどこまでもそれを建前として貫徹しうるのである。例えば、道路はすべて国の営造物であるという考え方は、後述するように、一九一三(大正二)年一二月の行政裁判所の判決で否定された。従来の断片的な法令では、国の営造物であるという考え方を貫くことが論理的にも実際的にも不可能である、ということをこの判例は示しているのだが、旧道路法の制定以後はこの判例と同様な考え方をもつ判決は一切出されていない。この意味で、旧道路法という法規範の制定は、中央集権的行政運営を推進するものにとって、大きな意義を有していたといえよう。

### 路線認定の要件

次に、路線認定の要件を検討してみよう。「公共道路法案」における国道の要件は、きわめて軍事的観点を重視したものであったが、旧道路法では包括的規定に変えられた。すなわち、「東京より神宮、府県庁所在地、師団司令部所在地、鎮守府所在地又は枢要の開港に達する路線」（一〇条一号）に続いて、「主として軍事の目的を有する路線」（同二号）とだけ定められている。このことは、軍事的観点からの要請が軽視されたことを意味するわけではない。国道は内務大臣の認定するものであり、軍事的に必要な道路さえ認定されれば問題はないのだから、不必要な細かい規定を削除し、包括的な規定にしたにすぎないと考えてよい。むしろ問題はその費用負担である。三三条に「主として軍事の目的を有する国道」を国庫の負担とすることを明記したことより考えれば、政府が軍事的要請に対して積極的に対応しようとしていることは明白である。

府県道の認定基準については、政府案に対して産業開発的見地より修正が加えられた。政府案における認定基準を要約すれば、府県庁所在地、郡市役所所在地、府県内枢要の地、枢要の港津、鉄道停車場をそれぞれ連絡する地方的幹線といえるが、これに対して、「枢要の港津又は鉄道停車場より之と密接の関係を有する国道又は府県道に連絡する路線」（一一条八号）と「地方開発の為必要にして将来前各号の一に該当すべき路線」(同九号）が加えられた。

郡道についても、郡役所所在地より隣接郡役所所在地、郡内町村役場所在地、郡内枢要の地・港津・鉄道停車場に達する路線を中心に認定基準が定められていた政府案に対し、府県道の場合と同様に「地方開発の為……」云々という規定が加えられた。

郡道に関しては、もう一つ問題がある。すなわち、当時の内閣である原内閣は、郡制廃止の方針を打ち出していたのだが、この法案にみられるような「郡の事業をして益々繁多ならしめんとするが如き政策を執ると云うことは……矛盾である」との批判が審議において出され、費用負担に関しての修正案が提出されたが、結局は否決された。ところが一九二二（大正一一）年、郡制廃止の法案が成立して、郡道も廃止された。これに伴い、郡道の一部が府県道とされ、残りは市町村道とされたが、府県道は総延長一万二四三二里（四万八八五八キロ）であったものが、二万三八九七里（九万三九一五キロ）と倍増し、そのため府県道の認定が緩慢となってしまった。そこで中央政府は統制する必要のある重要な府県道約六〇〇〇里（約二万四〇〇〇キロ）を指定して、指定府県道制を発足させることになった。

なお、市道、町村道の認定基準については、何も定められていない。

以上のような路線の認定に関し、衆議院での要請に基づいて諮問の制度が導入された。すなわち、国道については道路会議、地方道については各地方議会に諮問させるという制度である。道路会議は今日の道路審議会（二〇〇〇年からは社会資本整備審議会道路分科会）に相当するものだが、国道の認定のほかに、道路改良計画の審議、道路法の実施に必要な勅令等の各種の命令案、その他を審議するために一九一九年に勅令によって設置された。各地方議会は、路線の認定のほかに、変更・廃止についても諮問すべきものと定められた(道路法施行令二条)。このような制度が導入された趣旨は、衆議院における委員会報告の中で、行政庁の独断を抑制し、路線認定に伴う費用負担に関して長と議会との紛争をあらかじめ避け、あるいは公共団体の意思を尊重するためと説明されているが、このような審議制度に対する政府の率直な考え方は、佐上信一の言葉の中に発見できよう。

所謂諮問制度の利害得失に関しては……議会が公正なる意見を、有する場合に於ては、能く地方の要求と希望とを、反映せしむることを得る以て、極めて適切なる制度なりと云うことを得べしと雖も、若し其の議会が、公正ならざる意見を有し、且地方利益の争奪を是れ事とする如きものに在りては、其の議会に存在する党派的勢力の消長如何に依りて、常に道路の改廃に、影響を及ぼし、為に地方交通上に支障を生ずる場合少からざるなり。固より行政府は、道路法上自己の意見に依り、単に其の参考たるに止まり、別に之に拘束せらるるの必要なきが故に、制度上より云うときは、何等弊害を生することなき筈なるも、実際上より云えば、行政庁へ度々関係議会の不当なる意見に、拘束せらるる場合あるを以て、是等の点は考慮を要することなるべし。(13)

このような考え方には、地方自治や議会政治への不信感とともに、行政官に対する信頼感が絶対化されている。すなわち、もし議会が「公正ならざる意見」を持つとすれば、と想定するのであれば、同様に行政が「公正ならざる意見」を持つとすれば、という事態も想定されなければならない。しかし、行政にはそうしたことはあり得ない、という行政の無謬性を前提としている。このことは、政治が行政に従属する天皇制支配構造の一側面を浮き彫りにしているものといえよう。

**費用負担の制度**

次に費用負担の制度をみてみよう。国道の認定基準に関連して、軍事国道が中央政府の負担になったことは前述したが、軍事国道のほかに「主務大臣の指定する国道の新設又は改築に要する費用は国庫の負担とす」(三三条)と定められ、国道の国庫負担主義に近づいた。ところが、後述するように、国道の大部分は依然として府県の費用負担の下で管理され、中央政府はこの規定を積極的に行使しようとしなかったものと考えられる。軍事国道、指定国道以外の道路に関する費用は、「管理者たる行政庁の統轄する公共団体の負担」(三三条二項)であるとされていたのであるから、国道も原則的には府県の負担なのである。

国庫補助については、「第三十三条第二項に規定する費用にして国道の新設又は改築に要するものは其の一部を国庫より補助することを得。特別の理由ある場合に於て府県道以下の道路の新設又は改築に要する費用に付亦同じ」(三五条)と定められた。この規定は、「公共道路法案」のときも問題とされたように、依然として「一部を……補助することを得」という曖昧な任意的規定に終わっている。

しかしその後、一九二一（大正一〇）年になって「道路費国庫補助規定」（内務省令第一号）が定められ、補助率がようやく確定した。国道の場合は二分の一、府県道以下の場合は三分の一、特に必要のある場合に限り、これより補助率を高められると規定している。補助率が道路法の中に定められるのは終戦後の一九四九（昭和二四）年の改正を待たなければならない。以上のような費用負担の制度は、今日の国道に指定区間と指定区間外があり、後者の管理および費用負担は都道府県によってなされているように、部分的には新道路法に受けつがれていく。

**旧道路法が成立した理由**

旧道路法の内容は、一八九六（明治二九）年の「公共道路法案」とほとんど変わらないものであるが、内容が同じであれば、なぜ一八九六年には成立せず、二〇年以上経過した一九一八（大正七）年になって成立したのであろうか。以下旧道路法の成立を促した諸要因を考えてみたい。

内務大臣の提案理由には、道路関係法令の不備が理由としてあげられている。道路関係法令の不備は、道路行政を執行する者にとって最大の不便をもたらすものであるから、法制度の完全化を要求するものを行政的要請ということができよう。後述するように、統治構造の一角から内務省の方針と異なる見解が行政判例として出されたことは、中央集権的行政運営を推進しようとする内務省にとって、その方針を、明示する規定の必要性を痛感させたといえよう。このような意味で、後述する論争の発生も行政的要請を高めたものといえよう。

ところが、このような行政的要請、すなわち法制の不備は、一八九六年の法案のときも指摘されていることであるから、道路をめぐる社会的背景を問題としなければならない。

一八九九（明治三二）年に初めて導入された自動車は、［表Ⅲ-1］に示されているように、大正時代の後半から比較的普及率を高めている。また、その他の馬車（荷積用）、牛車、荷車など大正時代には相当数の普及度を示していることが［表Ⅲ-2］に示されている。すなわち、日清・日露の戦争を通して産業革命をなし遂げた日本の資本主義は、第一次世界大戦の勃発を契機として急激な成長を遂げたのであり、それに伴い、工業原材料・製品の輸送需要が高まったことは指摘するまでもない。そしてその輸送は、発展を続けてきた鉄道によるだけでなく、低迷していた道路による輸送をも拡大したのである。このことは運送業に関し、「大正期を迎えた小運送業界は、……はげしい競争と系統間の対立をひきおこした。……しかも、大正三年にはじまる第一次世界大戦は、通運業界に空前の好況をもたらした[14]」と指摘されている。

さらに、府県道・郡道の認定基準に関して前述したように、地方開発のための道路が府県道・郡道に加えられたことは、地域的産業開発の基盤として明確かつ現実的に道路が認識されたことを意味しよう。道路は本来、産業基盤として重要な機能を果たすものであり、資本主義における生産・流通・消費の全過程において道路の有する基盤性が、大正期の資本主義の高揚とともに拡大され、道路整備をはかる一つの力となったのである。

このような産業ブルジョワジーの利益に対して、道路が地主層の利益とも結びついていた点も指摘

**表Ⅲ-1　日本の自動車保有台数の推移** (明治M・大正T)

| 年 | 台数 | 年 | 台数 |
|---|---|---|---|
| 1907（M40) | 16 | 1917（T6) | 2,673 |
| 1908（M41) | 29 | 1918（T7) | 4,533 |
| 1909（M42) | 69 | 1919（T8) | 7,051 |
| 1910（M43) | 116 | 1920（T9) | 9,999 |
| 1911（M44) | 210 | 1921（T10) | 12,116 |
| 1912（T1) | 521 | 1922（T11) | 14,886 |
| 1913（T2) | 892 | 1923（T12) | 21,765 |
| 1914（T3) | 1,066 | 1924（T13) | 27,213 |
| 1915（T4) | 1,244 | 1925（T14) | 31,881 |
| 1916（T5) | 1,648 | 1926（T15) | 40,076 |

出典)『日本輸送史』352頁より.

**表Ⅲ-2　諸車台数の推移** (明治M・大正T・昭和S)

| | 馬車乗用 | 馬車荷積用 | 牛車 | 荷車 | 人力車 |
|---|---|---|---|---|---|
| 1875（M8) | 319 | 45 | 1,707 | 115,680 | 113,921 |
| 1880（M13) | 1,455 | 337 | 3,109 | 316,664 | 160,531 |
| 1885（M18) | 1,959 | 8,567 | 5,949 | 474,290 | 166,058 |
| 1890（M23) | 2,877 | 29,088 | 11,027 | 763,056 | 178,041 |
| 1895（M28) | 3,226 | 51,592 | 18,544 | 1,042,925 | 206,848 |
| 1900（M33) | 6,105 | 90,103 | 30,501 | 1,322,309 | 205,390 |
| 1905（M38) | 6,173 | 98,434 | 27,085 | 1,355,952 | 164,499 |
| 1910（M43) | 8,565 | 158,590 | 35,448 | 1,667,520 | 149,567 |
| 1915（T4) | 8,091 | 183,969 | 32,010 | 1,842,594 | 115,229 |
| 1920（T9) | 6,178 | 252,747 | 44,455 | 2,143,397 | 110,405 |
| 1925（T14) | 3,905 | 306,038 | 66,308 | 2,186,775 | 79,832 |
| 1930（S5) | 2,175 | 308,914 | 98,690 | 1,807,788 | 42,635 |
| 1935（S10) | 1,083 | 297,761 | 115,197 | 1,569,460 | 15,376 |

出典)『維新期の街道と輸送』178頁より.

されている。すなわち、当時、「ようやく本格的に展開を始めてきた林業資本主義にとって、林道開発と密接な関連があるものとして一般道路の開発維持が切実な課題となった」[15]との指摘である。

あるいはまた、都市問題との関連も指摘できよう。大正期に入って都市が急激に膨張し、それに伴い交通・住宅・衛生等に関する社会問題が表面化してきた。特に大都市においては、これらの問題への対策として、各種の施設の設置・改良が必要とされるに至った[16]。道路はもちろんその一つである。都市計画法が成立したのは、旧道路法と同じく第四一回帝国議会であった。

道路に対する以上のような多面的な需要の拡大という社会的・経済的な要因に対し、政治的な要因も指摘しておかなければならないであろう。すなわち、一九一八（大正七）年九月、ブルジョワジーの代表として政友会内閣を組織した原敬は、交通通信機関の整備、教育の改善、国防の充実、産業の奨励という政友会の四大政策を明らかにした。交通通信機関については、政友会の支持基盤を拡大するために地方支線を積極的に進めたことはよく知られているが、道路も含まれていた。旧道路法についても、内閣が積極的であったから、制定できたといってよいだろう。内務大臣が審議に際して答弁するということは、従来の道路法案の審議ではみられなかったことである。

以上のごとく、旧道路法の成立を促した要因は、行政的要請、社会・経済的要請、そして政治的要請であるということができよう。

## 旧道路法制定後の道路行政

旧道路法は一九一九（大正八）年四月一一日法律第五二号として公布され、同年一一月四日勅令第四五九号によって翌年四月一日から施行することとされた。この施行に先だって、次々と関係法令が内務省から発せられ、ここに道路行政の本格的展開がようやく開始されようとした。ここでは、旧道路法の制定から第二次世界大戦終了までの時期における道路行政の歴史を概観したい。結論から先に述べれば、「第一次道路改良計画」等の道路行政には不可欠な長期的展望に立つ計画が策定されたことは、従来にない道路行政の質的発展の一端をうかがわせるが、これらの計画に対する財政的裏づけが決定的に貧弱であったことは、実行可能性という点からみて、行政計画とは認めがたいものであった。「日本の道路行政は、大正中期本格的に展開を示そうと一歩をふみだしたが、たちまち天災、恐慌、戦争とうちつず《ママ》く泥沼の中で、自動車の驚異的発展に伴う道路改良の必要性を痛感されながらも、その必要性にこたえうる健全な発展をとげることはできなかった(17)」との指摘が、この時期の道路行政を総括する言葉として適切であろう。

## 第一次道路改良計画

国道路線の認定等に関する審議機関として道路会議が設けられたことは前述したが、道路改良三〇箇年計画も道路会議の審議を経て策定されたものの一つである。この計画は、一九二〇（大正九）年度より以後三〇年間という長期にわたって、普通国道八〇〇〇キロ、軍事国道二八〇キロ、重要な府県道一六〇〇キロの改良をはかり、さらに東京・大阪その他の六大都市の街路の改良もはかろうという膨大な計画である。財源はすべて公債で調達して国費二億八二八〇万円をまかない、そのうち府県に執行させる国道改良費補助一億六六〇〇万円を含んでいる。

この計画の財源としての公債を発行するため、道路公債法案が第四二回帝国議会に提案された。しかし審議において、補助すべき道路改良工事が具体化されていないこと、そして補助すべき公共団体も明らかでないことを理由として、この法案の肝心な起債額が削除されてしまった。

この第一次道路改良計画は、三〇年というきわめて長期の計画であるが、戦後の五箇年計画が五年を経ずして改訂されていることを指摘するまでもなく、三〇年間にわたって完遂することを期待することは経験的に不可能であろう。結局この計画も、一九二二（大正一一）年度までの三ヵ年のみ計画どおり実行されたにすぎない。一九二三（大正一二）年度は、関東大震災による政府の財政緊縮政策のため、予算が削減され、その後は公債の発行も打ち切られ、一般財源をもってあてられた。ここに三〇箇年計画は、早くも挫折し、終戦までに次々と企てられた道路計画の将来を象徴するかのような結末に終わった。

**その他の計画——産業道路改良計画ほか**

指定府県道制は、一九二一（大正一〇）年の郡制廃止後からとられたことは前述したが、二万四〇〇〇キロにわたる指定府県道のうち、産業経済的観点から整備をはかる必要のある約六〇〇〇キロを選択して改良しようという計画が、一九二九（昭和四）年四月に策定された。この計画は、「産業道路改良計画」と呼ばれ、一九二九年度からの一〇箇年計画とされていた。従来、国道の改良が中心であったが、この計画は府県道の改良を対象としている。したがって計画の内容は、府県に対する国庫補助となっており、同年六月「産業道路改良費国庫補助に関する件」という通牒（内務省発土第六九号）が発せられた。ところが同年七月、北支事件の処理問題で総辞職した田中義一内閣の後をついだ浜口雄幸内閣は、民政党の基本主張である緊縮政策を展開し、新規事業の中止、デフレーション政策、公債非募集の原則を打ち出した。そのため、はやくも八月に、産業道路改良費国庫補助の件は、予算上支出不可能となった旨、土木局長より通牒（内務省発土第七八号）が発せられ、産業道路改良計画は、初年度から中止されることとなった。

一九二九年は、米国において株式市場が大暴落した年である。日本は、一九二七（昭和二）年の金融恐慌の痛手を回復することなく、慢性的不況が危機的な状況をもたらしていた。内務省社会局の調査によれば、失業者は全国で、一九二九年九月二六万九〇〇〇人、同一二月三一万五〇〇〇人、一九三〇年六月三六万二〇〇〇人、一九三一年五月四〇万人、一九三二年七月五一万一〇〇〇人と年々激増を続けた。このような状況にあって、一九三一年一一月、総額三六七二万円にのぼる「内務省所管失業救済事業」が決定され、道路改良工事が実施された。従来、道路工事は府県に委任し、中央政府はこれに対して補助を行うという形で行われていたが、失業救済事業は、失業救済の実をあげ、労働報酬に対する中間搾取を防止するという理由で、国の直轄工事として行われた。国の直轄工事は、一九二二（大正一一）年の道路法の改正で定められたもので[18]、この失業対策としての工事が国の直轄工事の最初である。

続いて一九三二（昭和七）年一月、「産業振興道路改良五箇年計画」が決定された。この計画は、ひき続く失業者の増大に対して、積極的に事業を興して産業の進展をはかるという目的を有するものである。当時、自動車の需要は伸びる一方で、自動車の交通手段としての機能を産業構造の中に位置づけるべく「自動車交通事業法」（一九三一年）が制定された。この法についてはⅠ章の有料道路のところでも触れたが、当時の道路状況は、国道三八路線八三〇〇キロ、軍事国道二七路線三〇〇キロ、府県道一〇万一一〇〇キロ、町村道八四万四二〇〇キロに達していた（一九三一年三月末現在）。構造的に国道の指定幅員を備えるものは国道の二一％、府県道では一〇％にすぎず、さらに自動車の経済的通行が可能なものは国道で八八％、府県道では五二％にすぎない状態であった。これに対し、一九三二年度二一八四万円を含む総額二億一二〇〇万円をもって国道、府県道、大都市の街路を改良しようというのがこの計画である。一九三二年度は、この計画に基づき、一八二六万円が支出されたが、五・一五事件の影響を受け[19]、初年度から計画の完全な遂行が果たされなかった。

この計画は、国道、府県道の改良が中心であったが、産業界の深刻な不況の影響で、農山漁村の疲弊がその極に達し、その対策の必要性が痛感されてきた。ここに、一九三三（昭和八）年より「時局匡救《きょうきゅう》道路改良事業」として、「農村振興道路改良事業」が開始された。この事業は、「時局匡救議会」と呼ばれた前年の第六三回臨時議会における時局匡救追加予算に基づくもので、町村道の改良補助を中心としたものであった。このことは、従来の幹線中心主義に対し、町村道の改良に重点をおいたことを示しており、この意味で画期的であるといえようが、道路の改良により農民に賃金収入を与え、農村を救済することが目的であったことは指摘するまでもない。

一九三三（昭和八）年八月、土木会議が設置された。この会議は、従来の道路会議が関係法令の整備を完了し、その使命を果たしたとして一九二四（大正一三）年に廃止されたのだが、その後も審議機関の必要性が指摘され続け、その要請に応じて設置されたものである。この土木会議において、一九三四（昭和九）年度より二〇ヵ年にわたる「第二次道路改良計画」が打ち出された。この計画は、国費八億円を投じて国道・指定府県道を改良しようというもので、土木会議は計画に実現性をもたせるために、財源としては国家の財政に多くを期待し難い現状であることから、もっぱら道路公債法に基づく公債財源に依存し、政府の直轄事業は継続費とすることを提案した。しかし一九三四年は、台風による水害、あるいは冷害、霜害等の自然災害が重なり、その被害は過酷をきわめた。そのため、第二次道路改良計画は実施されず、依然として町村を補助対象とした時局匡救土木事業に重点が置かれ、災害対策としては農村応急土木事業が設けられた。

しかし内務省内では、町村道などの地方道より国道・指定府県道などの幹線の整備に対する必要性を強く感じていたので、一九三五（昭和一〇）年度は、町村に対する補助の要望が強かったのであるが、これに対する予算要求をせず、継続費制度を設ける目的をもって、国道・府県道の改良に一本化した予算を要求した。その結果、一九三六年度になって認められ、第二京浜国道その他に適用された。

その一九三六年、「産業伸長道路改良五箇年計画」が検討されたが、翌一九三七（昭和一二）年に至って日支事変が勃発し、全く実現されずに終わってしまった。しかし一九三七年に従来から議論のあった揮発油税が創設され、有力な財源として期待された。税率は一キロリットルにつき一三円二〇銭であった。その後一九四〇年に三四円四五銭へと引き上げられたが、ガソリン絶対量の不足から軍事優先へと統制され、一九四三（昭和一八）年の石油専売法の施行に伴い廃止された。

自動車の走行にとって、道路の舗装はガソリンの節約、耐用年数の増大等きわめて重要であることはいうまでもないが、従来はほとんど顧みられることもなく、改良済みでも未舗装という国道が大部分であった。一九三九（昭和一四）年における舗装率は、国道七七六一キロのうち九五〇キロ（一二・二％）、府県道一〇万六六三一キロのうち二七八〇キロ（二・六％）というきわめて貧弱な状況であった。政府はこのような道路舗装の現状に対して、土木会議に諮問して、「道路舗装二箇年計画」（後に三箇年に延長）を樹立した。この計画は、緊急に舗装の必要のある箇所について舗装するというもので、計画の規模は小さい。予算も一九四〇年度でわずか四一二万円が計上されたにすぎない。全面的な道路舗装計画は、モータリゼーションが急激に進展する戦後を待たなければならない。

一九四一（昭和一六）年、土木局が国土局と改組され、太平洋戦争の開始とともに、道路行政も戦時体制に突入し、道路の整備は軍事目的が最優先されていった。すなわち、一九四二（昭和一七）年満州において「国防幹線道路事業」が開始されたのを皮切りに、本土においても国防を目的として道路の整備がはかられることとなった。さらに一九四三（昭和一八）年には、鉄鋼、セメント等の原材料の節約を目的とした土木工事戦時規格が内務省によって定められ、技術面でもアスファルトの節約を目的とした研究が進められた。そしてさらに、同年一二月、道路法戦時特例（勅令第九四四号）が公布され、即日施行された。ここに至って道路行政は完全に歪曲されてしまった。

## 3 戦前の道路行政に関する論争——一九一三年の行政判例を契機とする論争

一九一三（大正二）年一二月二五日、行政裁判所から道路の占用に関して一つの判決が出された。この判決は、山形県知事と奥羽電気株式会社との間で争われていた訴訟に対して為されたもので、内務省の方針と異なる道路関係法令の解釈に基づくものであった。ここに内務省の方針を支持するものと、行政裁判所の判決を支持するものとの論争が開始されることとなった。この論争は、明治以降の断片的法令では、内務省の方針を貫徹することが法体系上困難であることを内務省当局に痛感させ、すでに述べたように、旧道路法の制定を促す一要因となった。

事件の概要は以下のごとくである。すなわち、山形県米沢市がその告示した電柱敷地使用料の徴収規定に基づいて奥羽電気株式会社に電柱敷地使用料の納付を命じたが、奥羽電気株式会社はこの命令を不当として、異議の申し立てをした。しかし米沢市参事会はこの異議申し立てを却下した。奥羽電気株式会社はさらに、山形県知事に対して訴願を提起したが、山形県知事は、電柱敷地使用料は電気事業法第九条によるものであって、法律勅令中にこの使用料に関して訴願を許す条項がないので、訴願を却下するという裁決を下した。この裁決に対し、奥羽電気株式会社が山形県知事を被告として行政訴訟を提起したものである。

この行政裁判における原告たる奥羽電気株式会社の主張は、市が使用料を新設する場合には、市制一六六条四号に基づき内務・大蔵両大臣の許可を受けるべきものとなっているにもかかわらず、米沢市はこの市制の手続きをふまずに原告に対して使用料の請求をする権能はないので、納付命令は無効である、というものである。これに対して被告たる山形県知事は、本件使用料は電気事業法に基づくものであるので、市参事会の却下は正当であり、被告の訴願却下も正当であり、また道路は国の営造物であるので、その使用料は市制の適用を受けるものではない、というものである。

このような原告、被告の主張に対し、行政裁判所は、本件道路は里道であるから管理者は米沢市であり、したがって米沢市の営造物である。さらに、電柱敷地としての道路の占用は営造物の使用であるから、米沢市は市制の手続きに従って条例を定め、使用料を徴収しなければならないのに、その手続きをとらずに納付命令を発したことは違法であり、取り消すべきものである、と判示した。[20]

## 池田宏の主張

この判決に対し、内務省の池田宏が「道路は国の営造物なり」と題する論文を発表し、反論を展開した。[21]池田の論文は、まず一般論として営造物の主体を定める標準を論じ、ついで道路の管理に関する日本の法制を検討し、道路は性質上国の営造物なり、という結論に到達する。

まず池田は営造物の主体を決定する標準について論じる。すなわち営造物とは一般公共の用に供せられる設備であり、その設備を経営することは国および公共団体の共有する目的であるから、その設備が国あるいは公共団体いずれの営造物であるかを区別する標準がなければならない。その標準とは、営造物の性質を判断して、営造物の主体を決定すべきであるとする。公共団体は地域団体であって自ら一定の区域の土地をもってその存立の基礎とし、この区域内に住所を有する者によって組織するものであるから、その区域を越えもしくはその住民の利益範囲を脱する事務は、公共団体の事務とすべきものではない。他方、国の営造物は、「普ねく国民全般の使用に供せられ国民は何人と雖も之が使用利益を享受するを妨げられざる」ものであるとする。池田は、国を主体とした営造物と公共団体を主体とした営造物との性質上の相違は、その利益享受の普遍性と特殊性であると主張するのである。

この考え方が従来の法制と一致することを示すため、池田は一八七六（明治九）年の太政官布告第六〇号と一八九〇（明治二三）年の軌道条例（法律第七〇号）の二つを検討する。まず前者については、池田は「道路の種類」、「道路の費用」、「道路の管理」の三点について、他の布告等を含めて検討し、道路は国の行政庁が管理し、国の営造物であることを示している、という。また、軌道条例についても、その第一条に内務大臣の特許を受けて公共道路上に敷設することができるという規定を引用して、道路が国道であるか県道・里道であるかにかかわらず、道路上に軌道を布設するには内務大臣の特許が必要であることから、また公共団体の許可は必要ではないことから、道路はすべて国の管理するものであり、公共団体には管理権がなく、国の営造物であると説明する。

しかし、池田の主張とすべての法令が一致するわけではないことを認める。すなわち、一八九一

（明治二四）年の訓令第四六二号と市制町村制理由書である。訓令第四六二号は、「地盤官有に属する堤防、道路、並木敷の使用は其の費用を負担する府県及市町村に於て処分すべく……府県庁の認可を請わしむべきものとす。……道路に属する竹木其の他の収益は費用負担者たる府県及市町村に帰属するものとす」という内容である。ここからみると、地盤は官有でも、道路は府県市町村が処分でき、使用料も府県市町村に帰属することが明白に規定されている。だが、地方自治制の施行以来、法律あるいは勅令の形式に依らなければ公共団体の事務として処理させることはできない（府県制・市制町村制各二条）のであるから、この訓令の内容は違法であるといわざるを得ない。しかしこの訓令が適法であるとする以上は、「府県又は市町村とあるも、其の実此等の団体を管轄する地方長官市町村長なる国の行政庁」を指すものと解釈しなければならない。故にこの訓令は道路の使用処分権を府県または市町村を管轄する地方長官または市町村長という国の行政機関としての地位に委任したものと解するのが正論であるとする。

次に市制町村制理由書には、交通事務を市町村の公益上必要な共同事務とし、道路を市町村の営造物として、市町村は道路の使用料を徴収することができる、と述べられている。池田は、もし道路を市町村の営造物とするのであるなら、市町村は営造物に関し管理規定を定め、使用料を徴収しうることが市制町村制の明認するところであって、さらに訓令等でそのことを規定する必要はない。ところが先にみた訓令第四六二号や一九一四（大正三）年四月に公布された法律第三七号では、道路その他の営造物に関する管理規則を定めることができるとしている。したがってこれらの規定は不必要なものとなってしまう。不必要でないとすれば、市制町村制は道路を市町村の営造物としているのではないことになる。この法律には「公共団体に於て管理する道路」とあり、公共団体に属する道路があるように規定されているが、この法律の「管理とは費用を負担するの義に解すべ」きであるから、なんら矛盾はない、とするのである。

以上のごとく、池田は道路法制を検討して、それが道路は国の営造物であるという主義を一貫して採用していると主張するわけであるが、次の問題は道路の性質としてこの法制が妥当であるか否かであるとする。池田はこの点に関し、「道路網」という考え方をもち出して、いかなる里道といえども結局は国道あるいは県道という「国の動脈線」に通じるものであるから、すべての道路は一貫性をもって管理されるべきであるという。また、大正年間に入って自動車が普及し始めるが、自動車の需要に応じる道路の整備には多大の財源を必要とする。したがって地方団体の負担能力では限界があり、不十分であると指摘する。公共団体が道路の管理者として十分でないのは、このような財政能力の不備だけではなく、「地方的感情」に影響されることが多く、政治的・行政的能力においてもまた道路の管理者として適切ではないとする。そのような道路の性質を十分に活かすには、なるべく大きな管理者を設定して、「地方的感情」に左右されることなく、道路を管理すべきである。したがって道路法制は、道路を国の営造物とし、国の機関としての行政庁を管理者としているのであるから、道路の性質に適切に対応した管理制度である、という。

## 織田萬の主張

織田萬は、京都帝国大学の行政法の教授であるが、池田論文と同じく『京都法学会雑誌』に「営造物の所属」という論文を発表し[22]、池田に対して反論を展開した。織田は、まず営造物の所属を定める区別の標準について、すべからく営造物の施設が誰の計算によってなされたのかをもってその所属を区別すべきであるという。計算とは、営造物を設置維持する負担とそこから生ずる利益との考量にほかならない。ある営造物を設置維持する負担が国家に帰し、設置維持によって行政の目的を達するという利益を受ける者が国家であれば、その営造物は国家の営造物であり、そうでないときは公共団体の営造物となるといわざるを得ない、という。

続いて、池田に対して三点にわたって反論を展開する。その第一点は、地方公共団体と営造物の性質についてである。池田が公共団体を主体とした営造物はその利益が地域的に制限されるとするのに対し、織田は、地方公共団体の住民がその団体の営造物を共用する権利があることは市町村制その他地方制度の明記するところであるが、これ故に他団体の住民あるいは一般公衆が同時に利用しうる営造物は地方公共団体の営造物とすることができないと断言すべきではない。池田論文の論旨に従えば、市設の公園、動物園、植物園、市営電気鉄道、市立博物館等はすべて市の営造物たる性質を失ってしまうことになる。したがって池田の見解は、「狭きに過」ぎると批判する。

第二点は、日本の法制についてである。織田は、市制町村制理由書、官有財産規則（一八九〇年）、軌道条例の三つに関して言及する。市制町村制理由書は、法律ではないが法律の精神を解釈する有権的材料であり、理由書の内容から判断すれば、市制町村制の立法者が道路の経営を自治事務とし、市町村道路を市町村の営造物としたことは疑いを容れないと主張する。また、官有財産規則についても、その第一二条に「府県郡市町村公共の道路、公園、市場、河川、並木敷、堤塘、溝渠等の用に供する為、官有の土地森林を必要とするときは、主管大臣に於て之を其の府県郡市町村に譲与することを得」という規定を示し、この規定こそ公共団体の管理する道路があることを示す有力な根拠であると述べ、地方公共団体に属する道路のあることは明白であるとする。さらに軌道条例については、池田の解釈を否定して、特許は軌道が公共企業である結果であって、事業の経営に対してなされているのであり、道路の使用に対してなされているわけではないと述べ、この条例を理由として、公共団体に属する道路のあることを否定することはできないとする。

第三点は、道路の改良と公共団体とについてである。織田は、道路改良の必要と道路の所属とは別論であり、道路改良の必要があれば国家は地方団体を督励してその改良をはかればよいのである、と述べ、池田の見解に従えば、行政事務の改良進歩のためには一切の営造物を国有とし、国の事務としなければならなくなってしまうと批判する。

要するに、公共団体の計算に基づいて公共団体の経営する道路のあることは明らかであり、したがって公共団体を主体とする道路のあることも明らかである。このことを否定することは、現実的にも法制上からも、さらに道路改良の必要性からみても不可能である、というのが織田の結論である。したがって、道路の管理は、道路の性質上国全般の利害に関するものと地方の利害にとどまるものとがあることは当然のことであるから、「国家と地方団体との分担に帰」すべきであると主張する。

**美濃部達吉の主張**

美濃部達吉は、東京帝国大学の憲法学の教授であるが、『国家学会雑誌』に「本邦道路法一班」という論文を掲載し、その中でこの論争に言及し、道路はすべて公共団体の営造物であるという論理を展開した。[23] 論文は道路法全般を扱っているため、論争に関連する部分のみを紹介したい。

まず道路の法律的性格を論じ、続いて道路経営の主体について論じる。道路の経営は公企業の性質を有し、その経営は本来国家の独占に属するものであると切り出す。その理由は、公の交通の設備が一定の系統に従って統一的に配置されるべきことは国家の公益上欠くべきではないからであり、私人の自由に放任すべきではないことは論を待たない。これは今日の法律思想があまねく承認するところである、と説明する。しかし、道路経営の権利が本来国家の独占であるからといっても、直ちに道路の経営の主体が常に国家であると断言することはできないとする。なぜなら、国家はその経営を公法人または私人に許容することができるからである。道路経営の主体を定めるには、国家が道路経営を自ら行っているか、あるいは公法人もしくは私人に経営を許容しているかを調べて判断すればよいとする。ところが実際の制度は不明瞭で、多くは事実上の慣習によって定められている。しかもその慣習に地域的な差異があるので、道路が国の営造物であるのか否かという問題が発生する理由であるとする。

ここで美濃部は、道路はすべて国の営造物であるとする水野錬太郎[24]、池田宏の所論と、公共団体の営造物もあるとする清水登[25]、織田萬の所論とが対立していることを示し、これらの主張に対し、美濃部は、道路はすべて公共団体の営造物であると主張する。美濃部の論述は、主に水野の見解に対する反論として以下展開されているので、水野の営造物の主体に関する見解をみておくことにしたい。

水野は、後に内務大臣・文部大臣を務めた内務官僚であるが、営造物の主体の決定は、営造物の用途の性質により定めることが正当であると主張する。元来道路は、幹線と枝線とを問わず互に脈絡通じて、全国を一貫してその用を為すべきものであるから、国県道であろうと里道であろうと、公衆交通の機関たる見地よりすれば、これを国の営造物なりと論ずることが至当である、と述べている。

水野のこのような見解は、先の池田の見解と同一である。しかし、水野論文が発表された時期と池田論文のそれは、全く同一の一九一四（大正三）年九月・一〇月であるから、両者は互いの見解を参照していない可能性がある[26]。しかしながら、このことは、上のような見解が当時の内務省関係者の間に広く普及していたことを示すものであろう。

美濃部は、営造物の主体が何人なるかの問題は、事業経営の主体が何人なるかの問題にほかならないと述べ、営造物の主体は経営の主体であるとして、水野の営造物の用途の性質によるという説を批判する。現在の国法下において国が一切の道路の経営を自ら為すものでなく、私道の経営は私人が行っているのであり、私道を国の営造物とすることができないと指摘する。ところが公法人の管理する道路については、明確ではない。なぜなら、公法人である府県知事郡長または市町村長は同時に国の機関たる地位を有し、その職務が国の機関としての職務か公法人としての職務か、往々にして疑わしいからである。すなわち、道路の経営の主体から判断することは困難となるから、現実の法制度において道路の経営が国家の事務とされているか、自治体の事務とされているかにより、判断する以外にない。そこで、市制町村制理由書を検討して、地方自治制に関する国法は一般に広く地方公共事務を地方団体の固有事務とする主義を採っており、地方的利害に関する公共事務は広く地方団体に許容しているという。それではいかなる道路が地方的利害に関するものと認めるのか。美濃部は、近時における鉄道の発達は国内の主要な交通は主として鉄道によっており、道路の交通機関としての地位は国道と県道とを問わず、地方的交通を主たる目的とするに至っている。そして次のごとく結論を述べる。「現時の国法に於ては、私設公道及び国家が自ら国費を以て経営する特別の例外を除くの外、総ての道路は地方公共団体の経営に任ぜらるるものにして、道路の種類に応じ、府県、郡、市町村、又は市町村組合が其の経営の主体たるものなることを信ぜんと欲す」という。

### 池田宏の主張（再反論）

織田、美濃部の反論に対し、再び池田宏が筆を執り、「営造物の所属論に就て」と題する論文を発表して、反論を展開した[27]。池田は、第一に営造物の性質と公共団体との関係、第二に現行法令の解釈、第三に道路の交通機関としての地位と道路改良、の三点について、織田・美濃部の批判に再反論し、先の論考を補っている。

第一に、営造物の性質と公共団体の関係であるが、池田は公共団体を主体とした営造物はその性質上、地域的に利用が制限せられるとするのに対し、織田はたとえ主体が公共団体であっても一般公衆の利用に供しているものもあるのだから、このような考え方は「狭きに過」ぎると批判した。これに対し、池田は公共団体の経営する営造物は当該公共団体の利益のために供用されるのが本質であり、住民以外のものが使用するかどうかは付帯の現象に過ぎないと述べ、この範囲を超越するものは公共団体の営造物に適さないことを説明したにとどまるものであるとする。

第二の点は、現行法の解釈についてである。池田は、現行法の解釈として、織田は市制町村制理由書、官有財産規則を示して反論し、池田の軌道条例についての解釈を批判した。これに対し、池田は、市制町村制理由書が交通事務を地方の「共同事務」であるとする点に関し、不幸にして自治制の理由書はこの点に関する説明は錯雑をきわめ、矛盾の跡があるとして、理由書の記述は信頼できないとする。官有財産規則については、道路等の土地が官有のほか、市町村有等民有に属するものがあることを推知させるにとどまり、営造物の所属論とするには足りず、官有財産規則等によって道路が公共団体の営造物である根拠とすることは「片面の観察」であるとする。軌道条例については、公共道路上における敷設権が条例自身の明言する特許の内容であるから、この条例をもって公共団体の営造物である道路の存在しないことの根拠とすることができるとする。

第三は、道路の交通機関としての地位と道路の改良についてである。池田は、財政上の理由を根拠としていたが、技術的な理由を追加して、国による管理の妥当性を強調して反論する。すなわち、道路に関する技術は土木工学という高等の知識を要求するのであるから、到底自治体の対応できる範囲を超えていると論じた。

以上が、池田の第二の論考であるが、論争がここまで進展したところで、一九一八（大正七）年第四一回帝国議会で旧道路法が成立した。その内容は、すでにみたごとく、道路はすべて国の営造物であるという主義を採用している。ここにおいて再び織田萬が「道路の所属」と題する論考を発表して、成立したばかりの旧道路法の改正を唱えた。(28)

**織田萬の主張（再々反論）**

織田は、旧道路法が制定された段階においても、「道路が独り国の営造物たるに限らずとの宿論を守持する」という基本的見解に基づいて、池田論文と織田論文との相異を次の二点に総括し、論理を展開する。二つの相異点とは、第一に「道路事務が其本来の性質上国家事務なりや否や」、第二に「我国法上の解釈として地方団体所属の道路あることを認むべきや否や」である。

第一の点について、織田は、一切の道路が幹枝相連絡して公衆の一般交通の用に供せられていることはいうまでもないが、このことを理由として、すべての道路が皆直接に国家の利益と相関しているということはいいすぎであり、一町村の中の一小道路が国の営造物としてその経営は国家のために行うというのは、「誰か其没常識に驚かざらん」と池田を酷評する。しかし一歩譲って、道路管理は本来国家事務たるべきものにして地方団体の経営は国家が法律上の義務として課しているに過ぎないとしても、地方団体がすでに義務として道路を経営する以上は、その事務は所謂委任事務として地方団体の事務を構成するものといわざるを得ない。

第二の点である法令の解釈に関していえば、池田論文は実務家として行政の実例に重点をおき、織田論文は法文の解釈に重点をおいているので、両者の間に解釈の差異が生じるのであろうと指摘している。織田は先の論考では、市制町村制理由書および官有財産規則を示して公共団体の営造物があることの証明としていたが、今回はさらに国有林野法第一五条の国有林野を公共団体へ譲渡し得るという規定もかかげ、地方団体が経営する道路があることを前提とせずに、果たしてこれらの規定を有意義に説明することができるのか。その前提がなくて、なぜ地方団体にその敷地の所有権を移転したり、不用となった敷地の所有権を譲渡する必要があるのか、と疑問を投げかけている。

織田は、続いて旧道路法に言及して、床次内務大臣の答弁では、道路はすべて国の営造物であると明言されているが、法文中には明記されていない点を指摘して、旧道路法の規定は織田の見解を根底より覆すに足るものではないと主張する。そして、この旧道路法が路線の認定、道路の管理はすべて内務大臣以下の行政庁をもって行うとしていることは、道路法の立案者が道路を国の営造物とするという精神を貫徹するために、まげてこのような「没理の規定を為すに至りたるに非ざるか」と疑問を投げかけ、「然らば余は這般の規定の改正若くは削除を切望せずんばあらざるなり」と締めくくり、大正二年の行政判例を契機とした第一の論争は、ここに一応の終止符が打たれることとなった。

## 4　旧道路法の改正論議を契機とした論争

旧道路法が成立して約一〇年後の一九三〇（昭和五）年、内務省の内務事務官である武井群嗣が「道路法中改正私論」と題する論文を刊行した。[29] 成立直後から改正を唱えられていた旧道路法の道路管理制度がここに再び問題として取り上げられることとなった。武井は旧道路法における管理制度を批判したのだが、これに対し同じく内務省の土木事務官である田中好が反論を展開した。さらにその直後、坂口軍司が、田中に反論して旧道路法の管理制度を批判した。この論争は第一の論争と異なり、旧道路法が明確な法文をもって中央集権的管理制度を規定しているため、この管理制度の妥当性を論じ合うという形で進められた。しかしこの論争で触れられた道路行政の問題点のうち、一九五二（昭和二七）年の新道路法によって解決されたものも少なくないが、未だ問題とされているものもある。この意味で、この論争は道路行政が昭和期に入って一層複雑化した一面を示しており、戦後道路行政の問題点への媒介となると考えられるものである。ここでは、第一の論争との関連において紹介する。

### 武井群嗣の主張

武井はまず、大正一五年七月の大審院第二民事部における判決を提示して、旧道路法における管理制度への疑問を表明する。この判決は、県道改築のための土地収用に不満をもつ原告が、道路の費用を負担する山梨県を相手として争っていた訴訟に対してなされたもので、その要旨は、道路法三三条は道路の費用を公共団体の負担と定めており、府県が府県道に関する補償額を支出することはいうまでもないが、その支出は府県制一〇二条による府県知事の支出命令を要するものであり、しかも道路法一一条、一七条、二〇条、四七条により、補償をすべき道路管理者は行政庁たる府県知事であるので、訴訟の相手方は山梨県ではなく、山梨県知事としなければならない、というものである。

武井は、旧道路法における管理制度を忠実に反映しているこの判旨は正当であるが、道路費用に関する訴訟の被告を現実の費用負担者である府県とすれば却下され、知事を相手方とすれば審理されるということは、「素人考としては納得できない事柄であろう。……斯くしてまで、道路は国の営造物なりとの主義を貫かねばならぬものだろうか。道路を国の事業に専属せしむる理由如何。抑々道路行政は公共団体の行政として存立することを得ないものだろうか」と、道路管理制度のよって立つ考え方を根本的に問題とする。そして第一に、地方道を国の営造物とすること、第二に国道を府県知事に管理させ、その費用を府県の負担としていることの二点について疑問を提示する。

武井の第一の疑問について、道路は一般公共の用に供し、一般人の生活を保持するために必要なる設備であるから、一地方の利害関係のみに拘泥せず、広く国家的見地に基づいて経営しなければならないという見解に対して、一定の限界を設けるべきではないか、という。府県道は地方交通の重要幹線にすぎず、まして市町村道に至ってはその効用がまったく地方的なものにとどまるのであるから、ことごとく国家的見地に基づいて経営せねばならぬということは必要ないのではないか、という疑問である。

逆に「国の重要幹線」たる国道に対する「国家的見地」が実質的に確保されていないのではないかという第二の疑問である。理論上において、管理者が必要と考える営造物の管理行為に要する費用は必ずその統轄する公共団体に負担させることができ、法制上その支出を強制することもでき、さらに路線の認定に際しても、関係議会への諮問に対する答申に拘泥することなく、管理者は路線を認定することができるとされているが、しかし実際における行政運用にあっては、このように単純に事務を処理することを許されるものではなく、必ず多くの場合において、管理者は、その統轄する公共団体の意思に従うことを余儀なくされるであろう。これでは国道に対する「国家的見地」からの管理は十分とはいえないのではなかろうか、という疑問である。

以上のような二つの疑問に対し、武井は自ら対処策としての立法論を提示する。すなわち、道路の管理は、「截然之を二分して」、公共団体の行政に属するものと国の行政に属するものと為すべきである。換言すれば、主として地方的な利害関係に立つ道路は、地方公共団体の営造物として地方公共団体の自治に任せ、したがって地方公共団体の負担において管理経営させる。これに対し、国の公利公害に重大なる関係を有し、国の行政として存立させる必要のある道路は、その管理経営を国家的見地に基づいて行うことはもちろん、その費用もすべて国が負担し、名実ともに国の営造物たる本質にそむかない管理経営の方途を講じるべきである、と主張する。

このように武井の見解は、旧道路法下における道路行政のたてまえと現実の行政運営との間に介在するギャップを指摘し、その対策として道路管理の二分主義を提唱するものである。第一の論争における純粋な法律論を中心とした議論に比べ、現実の行政運営を問題関心のうちに捉えている武井の議論は、今日における行政学的視点を加味したものということができるかもしれない。

**田中好の主張**

田中好は、以上のような武井の主張に対し、「武井君の道路法改正私論を読む」という一文を表し、早速反論を展開した(30)。田中の議論は、以下に紹介するように、全く従来からの内務省の見解を繰り返すものである。

まず武井の第一の疑問に対して次のごとく反論する。道路行政の目的は、一般公衆交通の利便に供するために道路を整備し交通を規律することにあるのであるから、その当然の結果として、一地方の利害関係に拘泥することなく、広く国家的見地において整備する必要が道路にはあるといわなければならない。地方的な利害関係に立つ道路といえども、道路はその幹線支線が互いに脈絡相通じ、全国を一貫して初めてその用をなすものであるから、国家的見地から管理される必要がある。しかも地方的効用といっても、それはただ「現時の一現象」にすぎないのであり、そのことを根拠として路政の一部を公共団体の行政とすることは、営造物主体決定の根本理由に適合しないのではないか、という。

第二の疑問については、田中も武井同様、国道の管理は国で行い、その費用は国が負担すべきであるとする「国道国営主義」を唱えているが、道路の主体を国にするか公共団体にするかという問題と費用負担とは関係のない問題ではなかろうかと述べ、費用負担と営造物主体との関係を無視する。この点に関する両者の相違が地方道に関する見解の相違となって表れる。すなわち武井が自治という観点も含めて営造物主体と費用負担者の一致を唱えるのに対し、田中は現在の制度のごとく国家が地方道路費を負担しない場合においては、地方に道路費を負担させたために、国庫の道路費に余剰が生ずるわけではないから、道路改良のために特別の財源を附与しない限りは同一であるといわねばならないと述べ、費用負担者と営造物主体を一致させてもさせなくても実効性をあげることが困難なことは同一であると主張する。

さらに田中は、武井が道路を公共団体の行政としても監督権を行使すれば足りるとするのに対し、公共団体の行政とする以上は、すべからく公共団体住民の利害に立脚して行政すべきものであって、国家的見地の下において公共団体の自主権を左右することは、監督権の濫用ないしは自主権の軽視であって、この説は理論上において矛盾のあるものと武井を批判する。しかし従来の通説では、地方公共団体の固有事務に対しても国が監督権を行使することができることになっているのであるから、武井の説をもって監督権の濫用であるとすることはできないであろう。田中は以上の理由によって、武井の説に「賛成することを躊躇し矢張り現行制度に賛成したい」と結論する。

**坂口軍司の主張**

以上のような田中の武井に対する反論に対して、坂口軍司が「地方自治と道路の管理制度」と題する論文を表し、田中の見解を「聴捨てにすることの出来ない……道路法立法以来内務の官場を支配している中央集権思想である[31]」と痛烈に批判して、反論を展開した。

坂口の反論の中心になるものは、田中の外国における管理制度に対する見解である。田中は、英米においては公共団体主義を採り、独仏等においては行政庁主義を採っていて、各国の立法例は同一ではなく、第三回万国道路会議においても各国代表委員の大多数は、道路の管理庁は国の行政庁とすることに大体意見の一致をみた趨勢に鑑みて国の営造物としたと述べている[32]。これに対し坂口は、このような皮相的な観察はそのまま肯定し得ない。問題は、何故に英米が公共団体主義を採るに至ったか、独仏等が行政庁主義を採るに至ったかの法制史的研究が先決的問題でなければならぬと田中を批判して、英米独仏の道路法制と自治制の歴史を概観する。そして次のように総括する。イギリスとドイツは伝統的に、前者は自治団体管理主義を、後者は行政庁主義を採っている。アメリカは母法継承の関係上自治団体主義に重点を置くが、重要幹線は国家管理主義である。特異な統轄下にあるのはフランスである。そこでは、自治団体、行政庁、国家管理というように多元的な制度を見せている。極端に自治を尊重するイギリスと極端に中央集権化を標榜するドイツとは論外であるが、他は大体において自治団体管理主義を原則とし、国家的利益に影響する国道は国家管理主義を採る動向が察知できる、という。これは明らかに田中と異なる比較法制の結論である。坂口はこのような認識に基づいて、もはやドイツ風な法典至上の理論道路法のみでは時の錯倒を感じ、生きたる道路法との隔絶を覚える。この意味において新しい道路法理論は道路法の閑却しがちであった英米法の再検討を必要とするのであると述べ、公共団体主義への旧道路法の改正を提唱する。

また坂口は、旧道路法以前の法制について、旧道路法の解釈としても、国の営造物主義は否定しうること、道路には地方的利害に関するものと、国家的利害に関するものとがあり、それは「現時の一現象」ではないこと、さらに国の営造物としながら地方に負担させるという変形は路政当局の採用する純粋法理論と思想的に矛盾すること、国家的見地の確保には監督統制をなせば十分であることを主張して、田中に反論する。

そして最後に次のごとく結論を述べる。すなわち、「何れの理由からしても道路を国の営造物と為すの理由は、道路を地方団体の営造物と為すの必要との衡量の点から観て、前者は後者におとる。改正道路法に於てはキッパリと道路は地方団体の営造物なりとする主義を採り、法文を以て闡明《せんめい》にすべき必要を吾人は痛感する。私は一歩進んで国道も国道を管理する地方自治団体の営造物たらしめよと提唱したい。費用負担即営造物主体たらしむるに如かない」と。

**論争のまとめ**

以上紹介してきた二つの論争を整理しておこう。これらの論争を通じて、管理制度に対する考え方は次の三つにわけることができよう。第一に「行政庁主義」、第二に「公共団体主義」、第三に「二分主義」、である。

第一の行政庁主義は最も集権的なもので、池田宏、田中好等を中心とする内務省における主流派ともいうべき人々の見解である。この考え方は、国道から市町村道に至るまですべての道路を国の営造物とし、国の機関たる行政庁、すなわち内務大臣、府県知事、市町村長を道路の管理者とするものである。第二の公共団体主義は最も分権的なもので、美濃部達吉、坂口軍司等が主張する。その考え方は、道路は原則として公共団体の営造物とし、営造物主体としての公共団体が道路を管理・経営するものとする。第三の二分主義は、行政庁主義と公共団体主義の中間に位置するものといえよう。その考え方は、織田萬、武井群嗣等の主張するもので、国道に関しては集権的な管理を、地方道に関しては分権的な管理を提唱する。本章で扱った論争は、これら三つの考え方がそれぞれの主張するところを擁護して、道路管理制度について論争したものであったといえよう。

論争における争点は、多岐にわたっているため、紹介するにあたって管理制度に関するものに限ったが、ここではさらに次の二点についてのみ整理することとしたい。その一は、営造物の主体を定める基準について、その二は、道路の性質についてである。この二点について検討すれば、道路管理制度に関する行政庁主義の考え方が比較的よく要約されると考えるからである。

### 営造物の主体を定める基準

営造物の主体を定める基準について、行政庁主義は営造物の性質または目的によってその主体を定めるべきであるとする。営造物としての道路は「国家的見地」に基づいて全国的にかつ一貫して管理されるべきものであるから、国を営造物主体としなければならないとするのである。これに対し、公共団体主義と二分主義では、織田萬は、「何者の計算に於て為されたるか」により営造物主体を決定すべきであるとし、武井群嗣は、営造物の主体とは「其の設備を公共の利用に供したる者を謂ふと概念するの外はない」とする。美濃部達吉は、営造物の主体とは「畢竟事業経営の主体」にほかならないとして、現実に経営する者を営造物の主体とすべきであるとし、坂口軍司は、道路を管理し、その費用を負担する者を営造物の主体とすべきであるとする。要するに、美濃部、坂口は、現実に経営する者、管理し費用を負担する者を営造物の主体とすると考えており、その意味で行政の現実を重視しているものといえよう。織田、武井もまた、現実を重視しているが、ただ経営する者、管理し費用を負担する者ではなく、「計算」あるいは「公共の利益に供」することであるから、経営あるいは管理より広い概念であるといえよう。

なぜ営造物の主体を決定するのか、という議論については、織田が行政運営における実質的な差異ともいうべきものを指摘している。すなわち、法律上営造物主体を定めることは単純な名義の問題ではなく、その営造物について生じる権利義務ならびに責任の帰属を明らかにするという実用があり、具体的に権利、義務および私人に対して損害を賠償すること等の責任が発生するとしている。(33)

ところが内務省当局がこのような権利を行使し、義務ならびに責任を自ら引き受けることを意図して、道路はすべて国の営造物であると主張するわけではないことは、管理あるいは費用負担という義務あるいは責任を地方に転嫁していることよりみて、明白である。それでは内務省の意図は何であろうか。費用も負担せず、ただ国の営造物だという理由がわからない。実益は何か。よくよく考えてみると、実は実益はなく、ただ単に国が決定権を持っているのだということを示したいのではないか。

すなわち、営造物の主体にその行政に関する最終的決定権限があり、地方に管理を委任しても、最終的決定権限は国にあるのであるから、管理者といえども国の意思に反して行政を行うことができない、ということを主張したいのではないか。前に引用した「中央官僚が地方自治体を掌握できる制度に整備することであった[34]」という高木鉦作の指摘を思い出す。

### 道路の性質

次に道路の性質についての議論をみてみよう。行政庁主義は、道路の性質が道路を国の営造物とし、国の機関による一貫した管理を必要としている、とする。また、道路の築造に関する技術が高度であること、そして田中がいうように地方的利害を主とする道路があるとしてもそれはただ「現時の一現象」にすぎないこと等の理由から、すべての道路は国の利害関係を考慮して、換言すれば「国家的見地」より管理される必要があり、またされねばならないとする。したがって、道路を政治的・行政的・財政的能力の小さい公共団体の行政に任せることはできないのであるから、公共団体の営造物とするのではなく、国の営造物とするのである。

二分主義・公共団体主義は、道路による利害関係の差異を強調する。織田は幹枝の区別があるなら道路の利害関係は「一様ならざることは当然」であり、一町村内の局地的交通の用に供する道路まで国の営造物としてその管理を国のなすところに待つべきであるということは、「誰か其没常識に驚かざらん」と反論する。坂口も「総べての道路は同様の重要さを持ち、従って同様に管理せらるべき性質のものではない」ことを主張する。さらに美濃部は当時の交通状況を「道路の交通機関としての地位は国道と県道とを問わず、等しく地方的交通を主たる目的となすに至れり」と述べた。当時の輸送分担状況をみる限り、美濃部の認識が適切であると考えられるが、このように「国家的見地」の必要性を全く否定して、公共団体主義を主張する一根拠となすのである。

以上のような二分主義・公共団体主義からの反論にもかかわらず、行政庁主義における道路性質論は、政府の公定解釈として残り、一九五二（昭和二七）年に新道路法が制定され、二分主義の理論が採用されるまで続くのである。しかし新道路法における二分主義は多分に行政庁主義的色彩をもつ、ゆがめられたものであった。

## 5 新道路法の制定

新道路法は一九五二（昭和二七）年四月一四日に国会に提案され、衆議院では五月八日に一部修正のうえ可決され、参議院では六月二日に可決され、六月一〇日に公布された。従来の旧道路法体制が一九四七（昭和二二）年の憲法・地方自治法によって否定されたことは明らかであるので、早急な改正が必要であったと思われるが、憲法・地方自治法の制定から五年が経過しており、なぜ五年もかかったのかが一つの疑問である。

その理由の一つは、組織体制にあったといえるかもしれない。内務省の解体に伴い、道路担当部局が安定しなかったからである。終戦直後の道路行政担当部局は、内務省国土局であったが、国土局自体は、太平洋戦争直前の一九四一（昭和一六）年九月に土木局と計画局を統合して設置されたものであった。同時に設置されたのが、防空局（一九四三年に防空総本部）であったことからも、国土防衛という戦時対応の一環であった。その後、終戦を迎え、憲法・地方自治法が制定された一九四七年の末に内務省が解体されるという大きな変更が行われた。その結果、翌一九四八年一月には、内務省の国土局、調査局と戦災復興院が統合されて建設院が発足した。道路は建設院地政局の担当であった。同年七月には、建設院から建設省に変更された。その際、地政局は道路局と改称された。建設院が建設省とされた理由は、当時国会で審議中の国家行政組織法が修正され、府、省、委員会、院、庁の行政組織から「院」が削除されたからである。

道路の状態は戦時中の酷使と修繕の放置によって著しく損傷を受けており、早急の改善の必要性が認識されていたが、財政状況が厳しかったことや、道路法の全面改正には時間がかかることが予想されたため、とりあえず「道路の修繕に関する法律」が一九四八（昭和二三）年一二月に制定された。旧道路法下では、道路の新設または改築については、その費用の一部に対して国庫補助ができるという規定になっているが、修繕と維持については補助の規定がなく、修繕が必要であっても工事が進まないという状況であった。そこで、修繕についても国庫補助の対象として認めるというのが法案の第一条である。また、国の直轄工事についても、新設・改築については認められているが、修繕については認められていないため、それを可能にする規定が必要であった。それが第二条である。なお、この法律案は、衆議院建設委員会で委員会提出法案として審議され、即日に可決され、翌日には参議院でも可決された。急ぐ必要があったのは、関係方面、すなわち占領軍から日本政府あてに、道路の維持修繕五箇年計画を提出するようにというメモランダムが発せられたからでもあった。

### 地方行政調査委員会の提案

さて、なぜ道路法の制定に五年もかかったのであろうか。道路法の制定が遅くなったより重要な理由は、地方財政制度がちょうど改革途上にあったことである。すなわち、戦後の激しいインフレを抑えるために、一九四八年一二月に定められた経済安定九原則に基づき、一九四九年三月に厳しい金融引締政策をとるドッジ・ラインが実施されたが、その後、具体策を検討するシャウプ使節団が来日し、直接税による徴税強化や地方財政の再建を提言した勧告が一九四九年八月と一九五〇年九月にマッカーサーに提出された。

第一次の勧告を受けて、同年一二月、総理府に地方行政調査委員会議が設置された。この委員会議は国政の民主化を推進することを目的として、地方自治を確立するための市町村・都道府県・国における事務配分について調査し、その結果を内閣および国会に勧告することを任務としたものであり、それに基づいて広範な調査が始められた。こうした状況において、道路法のように国と自治体の事務に密接な関連を有する公物管理基本法の改正は、地方行政調査委員会議の調査結果が出るまで保留されるべきであるとされて、道路法の改正作業は一時中断されたのであった。

地方行政調査委員会議は、一九五〇年一〇月に国庫補助金制度に関する勧告、同年一二月に行政事務再配分に関する勧告、翌一九五一年九月に行政事務再配分に関する第二次勧告をそれぞれ内閣・国会に提出した。道路関係については、一九五〇年一二月の勧告の中で、各論第一〇「土木行政、道路」の項で扱われている。(35)

**法案の趣旨**

この答申を受けて、法案が作成されたが、田中角栄ほか二名による議員提案として国会に提出された。とはいえ、建設省も法案作成段階で深く関わっているが、国会での質疑に際しては田中自身が答弁している。趣旨説明についても、田中が行っている。それによると、「大正八年に制定されたまま現在に至るまで約三〇年間、ほとんど改正らしい改正を加えられずにわが国の道路管理の基本法として続いて来たのでありますが、近代的な法律形態として不適当な幾多の点が明らかになりましたので、今回その全面的改正の要に迫られた次第でありまして、そのおもな点は次の通りであります」と述べ、次のような八点について触れている。(36)

第一に、国の幹線道路について、緊急に整備しなければならない重要な部分を一級国道または二級国道として、国が積極的にその整備を推進する体制を整えることにした。第二に、国と地方公共団体の責任分野を明らかにし、旧道路法の「道路は国の営造物」という観念を改め、一級国道および二級国道は国の営造物、その他の道路は地方公共団体の営造物という観念に改めることにした。第三に、これに伴い、一級国道および二級国道については都道府県知事を管理者とし、都道府県道は都道府県を、市町村道については市町村を管理者とした。第四に、一級国道の新設または改築に要する費用についての国の負担率を一定の場合において高めることとして、その整備を促進することとした。第五に、道路の占用についての制度をもうけることとした。第六に、特別負担金という新たな制度に改めることにした。第七に、土地収用法で認める程度の損失補償を行い得る制度を規定することにした。第八に、建設大臣の諮問機関として道路審議会を設けることにした。

これらの点については、詳しく解説する必要があると思われるが、以下に述べる審議の経過の中で、触れることにしたい。

**新道路法の特徴**

新道路法は、主要な改正点の中にも含まれているが、道路はすべて国の営造物であるという観念を転換し、憲法・地方自治法によって大きく変更された道路管理の体制を形成したが、新道路法の特徴からその点を考察することにしたい。まずは改正の主要な八点のうち、第一から第四にかかわる部分について、新道路法では、道路の種類を一級国道、二級国道、都道府県道、市町村道の四種類としたが、従来との違いは国道を二つに分けたことである。

法文上では、一級国道は「国土を縦断し、横断し、又は循環して全国的な幹線道路網の枢要部分を構成し、且つ、都道府県庁所在地（北海道にあっては、支庁所在地。）その他政治・経済・文化上特に重要な都市を連絡する道路で、政令でその路線を指定したものをいう」（道路法案五条）とされ、二級国道は「一級国道とあわせて全国的な幹線道路網を構成し、且つ、左の各号の一に該当する道路で、政令でその路線を指定したものをいう」として、①「都道府県庁所在地及び人口十万以上の市（以下これらを「重要都市」という。）を相互に連絡する道路」、②「重要都市と一級国道とを連絡する道路」、③「港湾法第四十二条第二項に規定する特定重要港湾、同法附則第五項に規定する港湾又は建設大臣の指定する重要な飛行場若しくは国際慣行上重要な地と一級国道とを連絡する道路」、④「二以上の市を連絡して一級国道に達する道路」（道路法案六条）と規定されている。

一級国道と二級国道に分けた理由は、旧道路法下での国道が九三〇〇キロ程度であり、それでは少ないという判断が一方であり、他方では財政的制約から整備できる限界があるため、主要な幹線とそれに準じる幹線に分けたのであろう。田中は、答弁の中で、「現在国道の総延長は九千三百キロ余りあるのでありますが、これが全部無條件に新法による一級国道に編入せられるとは申し上げられないのでありますが、大体は現行法による国道は一級国道となる、こう考えてさしつかえがないと考えるわけであります。二級国道に対しましては、現在府県道の中で特に重要府県道から八千キロないし九千キロの二級国道を指定いたしたいという考えを持っておるわけであります[37]」と述べ、国道の拡大がそのねらいであったといえよう。

具体的には、一級国道および二級国道の路線は、道路審議会の審議を経て、一九五二年には「一級国道の路線を指定する政令」により四〇路線、九二〇五キロの一級国道が指定され、一九五三年には「二級国道の路線を指定する政令」により一四四路線、一万四八四七キロの二級国道が指定された。

合計二万四〇五二キロが指定されたが、従来の国道の約二・五倍となり、田中の答弁よりも少し上回る指定が行われたことになる。この後、追加指定が行われ、国道昇格運動が繰り広げられるが、それについてはⅣ章で述べることにしたい。

道路はすべて国の営造物とされていた点については、旧道路法の法文上では明確ではなく、議会答弁で述べられただけであった。新道路法でも、「一級国道及び二級国道は国の営造物、その他の道路は地方公共団体の営造物という観念に改める」とされたが、営造物という語は用いられておらず、それを明確に示す条文はない。しかし、道路占用料についての規定は、その徴収が道路管理者すなわち国道については都道府県知事に属すことが規定されており（三九条）、またその額および徴収方法は条例で定めると規定され（同二項）、帰属も道路管理者の収入とすると明記されている（六四条）。また通行の禁止や制限も道路管理者の権限とされている（四六条）。地方道が自治体の営造物であることは条文のあちこちで暗示されている。ただし、建設大臣の認可を受けなければならない場合として、「都道府県道の路線を認定し、変更し、又は廃止しようとする場合」（七四条一項）と「一級国道又は二級国道を新設し、又は改築しようとする場合」（同二項）とがあり、むしろ後者は当然としても、前者についても認可が必要だとする意味が戦前の行政庁主義的規定であると感じられる。

また、営造物の所属との関連では、道路の敷地等の帰属が問題となるが、道路法には、「一級国道又は二級国道の新設又は改築のために取得した道路を構成する敷地又は支壁その他の物件（以下これらを「敷地等」という。）は国に、都道府県道又は市町村道の新設又は改築のために取得した敷地等

表Ⅲ-3　各道路の管理と費用負担

| | 一級国道 | 二級国道 | 都道府県道 | 市町村道 |
|---|---|---|---|---|
| 管理者 | 都道府県知事 | 都道府県知事 | 都道府県 | 市町村 |
| 認定 | 政令 | 政令 | 議会の議決，知事 | 議会の議決，市町村長 |
| 新設または改築 | 一部は大臣 都道府県知事 | 一部は大臣 都道府県知事 | 都道府県 | 市町村 |
| その他の管理 | 都道府県知事 | 都道府県知事 | 都道府県 | 市町村 |
| 費用負担 | 大臣施工：国2/3，都道府県1/3 特別な場合は国3/4 知事施工：国1/2，都道府県1/2 | 大臣施工：国2/3，都道府県1/3 知事施工：国1/2，都道府県1/2 | 都道府県 新設または改築は1/2以内の国の補助の場合がある | 市町村 市道の新設または改築は1/2以内の国の補助の場合がある |

はそれぞれ当該新設又は改築をした都道府県又は市町村に帰属する」（九〇条）と規定されており、営造物の所属という意味では、最も直接的な規定である。

しかしながら、営造物の主体を定める基準について、戦前の論争でもあったように、織田は「何者の計算に於て為されたるか」により営造物主体を決定すべきであるとし、美濃部は「畢竟事業経営の主体」にほかならないとしていたが、どのような負担で道路が維持されるのかが重要なポイントである。

新道路法に定められた負担を要約すると、［表Ⅲ-3］のようになる。この表から判断すると、国道も多くは都道府県の経営という方が適切であろう。ただし、一九五八（昭和三三）年の道路法改正で国の直轄管理区間、すなわち「指定区間」の制度が導入されると、国のかかわりも強くなるため、国が経営の主体であるといえる状況が生まれてくる。しかしながら、それまでの段階では、経営の主体は都道府県であるといった方が適切である。すなわち、国道といいながら、都道府県の管理に委ねられていたことは、戦前の制度を踏襲したものといえる。

次に、改正の主要な八点のうち、残りの部分について述べておきたい。第五は道路の占用についてであるが、旧道路法においても道路の占用に関する規定があったが、不十分であったため、道路管理者から本省に対する照会も多かったという。[38] そのため、新道路法では、道路の占用の種類を列挙し(三二条)、占用の許可基準を明らかにし(三三条)、占用工事と他の工事との調整を規定し(三四条)、国の事業については主務官庁が道路管理者と協議して道路の占用ができること(三五条)を規定した。

第六は、特別負担金という新たな制度が設けられたことであるが、この点については国会審議の中で議論され、結局削除された。具体的には、バス事業などが道路を利用することから大きな便益を得ると同時に修繕を要する原因を生じさせるから、維持修繕の費用を一部負担させるという考え方であったが、審議の中で強い反対が表明されたため、受益者負担金として徴収できるという理解で、特別負担金は削除された。

第七は、土地収用法で認める程度の損失補償を行い得る制度を規定したことであるが、旧道路法ではこうした規定がなく、道路管理者側においても不都合な点があったため、土地収用法で認めている程度の損失補償を行い得ることとされた(六九条、七〇条)。

第八は、道路審議会を設置したことである。しかし、旧道路法下でも「道路会議」が設置されていた。道路法の中に規定されたものではなく、旧道路法公布の直後、「道路会議官制」という勅令(一九一九年）で設置された。新道路法では、一章を設けて、道路審議会について規定した（六章）。

以上が新道路法の内容であるが、次に章を改めて、新道路法下における道路の管理について、検討することにしよう。

# Ⅳ章　一般道の管理

## 1　一般道の現況

日本の「道路」の現況についてみてみよう。日本における道路法の道路は、高速道路約八八〇〇キロ、一般道路約一一八万キロにより構成されている。高速道路についてはすでにみているので、一般道路についてもう少し詳しくみてみよう。そもそも一般道路とは、高速道路以外の道路という意味で用いられることが多い。［表Ⅳ-1］に示されているように、二〇〇五（平成一七）年四月一日現在で、日本の一般道路の総延長（実延長）は一一八万五五八九・六キロである。そのうち、国道は五万四二六五・二キロであり、全体の実延長に占める比率は四・六％である。大まかに捉えると、全体で一二〇万キロの道路があり、そのうち高速道路が一〇〇分の一、国道が二〇分の一、都道府県が一〇分の一、残りが市町村道（全体の約八五％）、という構成になる。ただし、対象とした道路の種類は、「道

**表Ⅳ-1　一般道路の整備状況**

| 区分 | 実延長 km | 割合 | 道路面積 km² | 改良区間 | | 整備済区間 | |
|---|---|---|---|---|---|---|---|
| | | | | 延長 km | 率% | 延長 km | 整備率% |
| 一般国道 | 54, 265. 2 | 4. 6% | 1, 245 | 49, 147. 2 | 90. 6 | 32, 424. 0 | 59. 8 |
| 指定区間 | 22, 279. 4 | 1. 9% | 723 | 22, 270. 1 | 100. 0 | 11, 932. 7 | 53. 6 |
| 指定区間外 | 31, 985. 8 | 2. 7% | 522 | 26, 877. 1 | 84. 0 | 20, 491. 3 | 64. 1 |
| 都道府県道 | 129, 138. 9 | 10. 9% | 1, 799 | 85, 516. 5 | 66. 2 | 70, 575. 7 | 54. 7 |
| 主要地方道 | 57, 820. 6 | 4. 9% | 880 | 43, 573. 0 | 75. 4 | 34, 033. 4 | 58. 9 |
| 一般都道府県道 | 71, 318. 3 | 6. 0% | 919 | 41, 943. 5 | 58. 8 | 36, 542. 3 | 51. 2 |
| 国・都道府県道 | 183, 404. 1 | 15. 5% | 3, 044 | 134, 663. 7 | 73. 4 | 102, 999. 7 | 56. 2 |
| 市町村道 | 1, 002, 185. 4 | 84. 5% | 6, 446 | 546, 866. 9 | 54. 6 | 546, 866. 9 | 54. 6 |
| 一般道路計 | 1, 185, 589. 6 | 100. 0% | 9, 490 | 681, 530. 6 | 57. 5 | 649, 866. 6 | 54. 8 |
| 高速自動車国道 | 7, 422 | — | — | 7, 422 | 100 | 7, 422 | 100 |

注）1　実延長，道路面積，改良区間，整備済区間は平成17年4月1日現在.
2　改良区間とは，幅員5.5 m以上改良済みの区間をいう．ただし，市町村道の改良区間延長には幅員5.5 m未満も含む.
3　整備済区間とは幅員5.5 m以上改良済みでかつ混雑度が1.0未満の延長をいい，平成17年度道路交通センサスによるものである．整備率とは，整備済延長を実延長で除した値をいう.

出典）『道路行政 平成18年版』，『道路ポケットブック 2006年版』を参考にして作成.

路法」第三条に定められたもの、すなわち高速自動車国道、一般国道、都道府県道、市町村道だけの合計で、他の法律で所管する林道、農道などは含まれていない。所管が違う省であるということから統計にも含まれないという点は縦割り行政の弊害といえよう。

ちなみに、道路の面積が九四九〇平方キロであるということは、国土面積三七万七九一四平方キロで割ると、二・五%という数字が求められる。国土の四〇分の一が一般道路になっているということである。高速道路や農道、林道などを含めると、もっと多くなる。もちろん都市部では、この比率が高まり、東京都区部の平均は一六%であり、最も高い中央区では二六%である。

**表Ⅳ-2　道路延長の国際比較**（単位はkm）

| | 全道路延長 | | | | | 舗装率(6) | 面積(7) | 道路密度(8) |
|---|---|---|---|---|---|---|---|---|
| | 高速道路(1) | 主要道路(2) | 二級道路(3) | その他道路(4) | 合計(5) | % | $km^2$ | $km/km^2$ |
| フランス | 10,490 | 25,730 | 365,000 | 550,000 | 951,220 | 100.0 | 551,500 | 1.72 |
| ドイツ | 12,044 | 41,139 | 86,809 | 91,428 | 231,420 | 100.0 | 357,022 | 0.65 |
| イギリス | 3,523 | 46,669 | 114,400 | 223,082 | 387,674 | 100.0 | 242,900 | 1.60 |
| イタリア | 6,621 | 46,009 | 119,909 | 312,149 | 484,688 | 100.0 | 301,318 | 1.59 |
| 韓国 | 2,923 | 14,246 | 17,476 | 65,634 | 100,279 | 86.8 | 99,538 | 1.02 |
| 日本 | 7,383 | 54,264 | 129,139 | 1,002,185 | 1,192,972 | 79.0 | 377,887 | 3.16 |

注）1　データは2004年，イタリアは2003年，日本は2005年.
　　2　道路種類別分類（日本の場合）：高速道路は高速自動車国道，主要道路は一般国道，二級道路＝都道府県道路
出典）国土交通省資料，『世界の道路統計』.

**道路延長の国際比較**

さて、このような道路延長は他の国と比較して多いのだろうか、少ないのだろうか。国土面積が日本とそれほど変わらない国を『世界の道路統計』から引き出してみると、［表Ⅳ-2］のようになる。ここからわかるように、国土が三八万平方キロであるのに、道路延長が一一九万キロあるということは、道路密度が一平方キロ当たり三・一六キロあり、イギリスやイタリアの一・六キロの約二倍となっていることがわかる。また、ドイツの五倍である。このことは何を意味しているかというと、日本では行政が認定することによって道路となることから、日本の場合は道路としなくてもよいような部分も道路として認定している、といえるのかもしれない。しかも、山岳地帯の比率が高いわけであるから、平地の道路密度はさらに高いといえる。したがって、もし道路延長がイギリスやイタリア並みであるなら、道路延長も六〇万キロ程度となり、舗装率も一〇〇%

に達していることになる。このことから、舗装率という指標でみると、西欧諸国と同等であるといえる。

### 日本の道路は貧困か

ところが、道路行政研究会編『道路行政 平成一八年版』では、「整備率でみると国県道の整備済み区間は半分にすぎない」と述べられ、また「幹線道路でも自動車が満足にすれちがえる道路は半分しかない」と述べられている(1)。確かに三〇〇年の馬車時代を経験しているヨーロッパ諸国と戦後になってから本格的な道路整備を始めた日本とでは、大きな格差があることは事実である。そもそも道路が馬車の通行を前提として作られていたということは、当然馬車のすれちがいや歩行者の安全のための歩道を設けて道路が作られるのであるから、その格差を埋めることは難しい。しかしながら、少なくとも道路が貧困だから経済発展が進まなかったという時代は過去のことであり、道路整備の必要性だけを訴えるような記述は、道路以外の必要な投資に対する真剣な対応を先送りするような結果をもたらしているように感じる。すなわち、道路に投資すれば、経済がよくなるという幻想をいつまでも引きずってしまうのではないだろうか。

「改良」とは道路の線形をなおしたり側溝をつけたりする工事であり、「舗装」とは表面をアスファルトなどで強化し、車両の通行にとって利便性を高める工事である。戦後、改良率が舗装率を上回っていたが、やがて改良よりも舗装の方が緊急性・必要性の高いことを認識したようで、舗装率が改良率を上回っていく。その時期は、一般国道では一九六〇年代の後半であり、都道府県道では一九七一年であり、市町村道では一九七三年である。第四次道路整備五箇年計画（一九六四〜六八年）の改定理由に、「現道舗装方式の採用」とあり、この政策変更の結果が示されたものである。

では整備率とはなんであろうか。改良・舗装が済んでいても、交通混雑が生じている区間は道路の拡幅やバイパスの整備等のさらなる改良・改善によって交通混雑をなくす必要があるとされ、こうした区間は整備されていない区間としてカウントされるようになった。混雑度一・〇とは交通量が道路の交通容量に等しい状態をいい、混雑度一・〇〜一・五の場合は朝夕のピーク時間を中心に渋滞が生じ、混雑度一・五以上の場合は一日中渋滞する状態を指すという。混雑度一・〇以上の区間についてはさらなる整備が必要という指標であるが、いうまでもなく、道路工事の必要性を高めるための指標である。「国道が六〇％、県道が五五％程度であり、国県道のうち十分に整備されている区間は、半分にすぎない」と説明されている。しかしながら、朝夕の数時間に渋滞がまったく生じないという状況を目指す必要があるのだろうか。

## 2　道路の管理

次に、道路の管理についてみてみたい。高速道路は国土交通大臣が管理者であるが、実際は各高速道路株式会社に委任されていることは、すでにみた通りである。一般国道は指定区間と指定区間外に分けられるが、指定区間とは国土交通大臣が直轄で管理する区間であり、国道全体の四割となっている。指定区間外とは、いうまでもなく国の直轄として指定されていない区間という意味であり、都道府県または政令指定都市に法定受託事務として委任されている区間である。この区間は、国道全体の六割を占めている。すなわち、国道といえども、その六割は都道府県が管理しているのである。すでに述べているように、戦前の方式がいまでも残っているといえる。

都道府県道については、都道府県の自治事務として都道府県によって管理されているが、政令指定都市の区域については、政令指定都市に委任されている。市町村道については、市町村の自治事務として市町村によって管理されている。

**道路管理の内容**

では、ここでいう道路の管理とはどのような活動を意味するのであろうか。「道路管理」とは、行政法の観点からは、「道路管理者が、一般交通の用に供するための公の施設としての道路本来の機能を発揮させるためにする一切の作用を指す。……その作用の内容からいえば、積極的に一般交通の用に供するという道路の目的を達成するために道路の形態をととのえ、これを良好な状態に維持管理し、必要に応じ、道路のための公用負担を課する等の作用と、消極的に一般交通の用に供するという道路の目的に対する障害を防止し除去し、その他種々の規制をする作用とを含んでいる」[2]と説明されている。

ここでは、道路を建設したり、維持管理したり、という積極的な活動と、障害の防止・除去などの消極的な活動を指すというわけであるが、道路法三章「道路の管理」、一節「道路管理者」には、その両者が含まれている。具体的内容をみていくと、①道路の新設・改築および維持、修繕、その他の管理（一二条〜一六条）、②道路の区域の決定および供用の開始等（一八条）、③境界地の道路の管理（一九条）、④兼用工作物の管理等（二〇条等）、⑤自動車駐車場等の管理（二四条の二）、⑥有料の橋または渡船施設（二五条）、⑦道路台帳の調製・保管（二八条）、の七項目である。

ここには道路管理者としての仕事として「道路の管理」が示されていることはわかるが、では他の部分は道路管理者の任務ではないのかというと、やはり道路管理者の任務である。例えば、道路法三章三節「道路の占用」の許可は道路管理者の仕事であるし、四章「道路に関する費用」についても道路管理者の仕事である。道路法の内容はすべて道路の管理者の仕事であるといえなくもない。三章がどのような基準から道路の「管理」を取り出したのかは「道路本来の機能を発揮させるためにする一切の作用を指す」という意味ではなく、「道路本来の機能を発揮させるためにする直接的な作用を指す」と考えるのが適切なようである。

道路に関する行政のうち、どこからどこまでが「道路管理」であって、道路管理とはいわない道路行政の仕事とはどのような活動を指すのであろうか。このような疑問は、「道路行政」と「道路管理」をどのように観念するかという問題といい換えられるが、道路法における道路管理は、道路法に規定する道路に関する行政の一部を道路管理としていることがわかる。「道路行政」の概念は、「道路にかかわるすべての行政活動を含むもの」とすれば、道路管理は道路行政の一部であると考えることができよう。[3] 道路法に規定されていない道路行政の重要な内容としては、道路計画の策定や道路財源の確保についての活動があげられる。これらは道路法以外の法律によって規定されている。

**道路建設の手順**

道路はどのように作られ、管理されるのであろうか。厳密にいえば、道路の種類によってその手続きは異なるが、一般論としては、①道路建設のニーズの把握、②道路建設の決定（路線の認定、基本設計、区域の決定、用地の購入、土地収用）、③道路の建設（実施設計、入札、施工管理）、④道路の供用開始と維持管理、⑤事後評価・フィードバック、という手順で進められるといえよう。

①道路建設のニーズの把握とは、道路を建設する必要性を確認することである。ニーズのない道路の建設は無意味である。「真に必要な道路」という言葉は二〇〇五年の特定財源見直しに関する政府の基本方針や道路関係四公団民営化の基本的枠組みで使われていたが、必要かどうかの判断が重要である。その際、ニーズとは何かを考える必要がある。すなわち、閣議で決定したからとか、計画で決まっているからということではニーズではない。道路のニーズを示すものは、渋滞しているとか、多くの利用者の走行時間の短縮が可能であるとか、危険性を回避するなどの指標を組み合わせて、ニーズと重要性の高いものから順次建設していくべきものである。

国土交通省や自治体では多様な調査が行われ、需要を予測していることは事実であるが、問題はそうした調査が正しいかどうか、また正しい場合にはそれに基づいて道路建設が進められているかどうかである。東京湾アクアライン等、これまでも需要予測を満たせない道路が数多く指摘されてきた。こうしたことから、建設するための調査にすぎないと批判されることになる。また、二〇〇七年一一月に新しい道路整備中期計画の素案が発表された際にも、六五兆円の規模が特定財源を使い切る道路整備計画だと批判され、道路特定財源を専有しようとする道路官僚の行動様式が問題とされた。全体の交通需要が減少している今日の段階で、新道建設の正しいニーズを捉えることは、困難であるが重要な活動である。

②道路建設の決定は、少なくとも二つの段階に分けることができる。例えば、ある二地点間の既存道路が渋滞していて、それを解消する必要性があると判断された場合、既存道路の拡幅を行うか道路を新設するか、あるいは渋滞の理由にもよるが公共交通機関（地下鉄など）を建設するとか、通過交通を他のルートで迂回させるための規制を導入するとか、いくつかの渋滞解消策の中から、新道の建設という選択肢が選ばれることになる。これが第一段階の決定である。道路法では、「路線の指定及び認定」と呼んでいる行為であるが、一般国道の「指定」は、道路法に規定される要件を満たした上で、政令でなされる。政令には、路線名、起点、終点、重要な経過地その他路線について必要な事項が明らかにされる（道路法五条）。都道府県道と市町村道は「認定」といい、都道府県知事または市町村長が議会の議決を経たうえでなされる（道路法七条二項、八条二項）。都道府県道は国土交通大臣との協議が必要とされている（道路法七四条一項）。路線を認定した場合においては、その路線名、起点、終点、重要な経過地その他必要な事項を、国土交通省令で定めるところにより、公示しなければなら

ない（道路法九条）。

次は、具体的かつ詳細に、どこにどのように作るかを決定する必要がある。「区域の決定」と呼ばれる行為であり、路線が指定・認定された場合、遅滞なく道路の区域を決定し、公示し、一般に縦覧しなければならない（道路法一八条一項）とされている。国会審議における田中角栄の説明によれば、旧道路法には区域の決定という行為が規定されていないため、路線が認定されただけで放置された事例があったから、この条文を入れたという。

「道路の区域」とは、道路を構成する敷地の幅と長さによって示される平面的区域を指し、原則としてその敷地の上下の部分も含めた立体的区域を意味している。したがって、路線の指定・認定と区域の決定の間には、考慮すべきことが多々あり、実は「遅滞なく」決定することは相当に困難なのではないだろうか。すなわち、どのような道路を建設するのか、基本的な設計ができていないと道路予定地の区域が決まらない。基本的な設計をするためには、道路調査（交通量や地盤調査など）が必要である。また、次の段階の土地購入や土地収用などの問題を考えると、住民との合意形成が不可欠である。多くの場合、区域の決定が終わってから、住民への説明が始まるが、それでは合意形成ではなく、合意の調達にすぎない。これが第二段階の道路建設の決定であるが、①②の段階をあわせて合意形成の段階ともいえよう。

用地の取得については、道路の区域が決まらないとどの範囲を買収してよいか決まらないといえるが、しかし地価が高騰を続けた日本の場合には、区域の決定に時間をとられる間に道路予定地の周辺の利便性が高まり、地価が上昇を続けるという望ましくない状況が生まれ、地権者の側にもごね得などが生じることが予想されたことから、用地の先行取得の必要性が認識された。一九七六（昭和五一）年に国庫債務負担行為による用地先行取得制度（用地国債制度）が設けられ、道路管理者が取得するまでの間の管理経費を国庫補助の対象とすることが定められた。また、土地買収の協議が不調の場合、最終的には土地収用法の手続きによる強制収容の方法があるが、国民の権利を制約することでもあるため、手続きが厳しく定められている。とはいえ、この手続きは収用する側に有利な仕組みであると指摘されている。(4)

なお、道路の構造については、「通常の衝撃に対して安全なものであるとともに、安全かつ円滑な交通を確保することができるものでなければならない」と道路法二九条に定められており、それを受けて、道路構造令が道路の種類ごとの構造基準を定めている。高速道路・自動車専用道路としての第一種（地方部）・第二種（都市部）、その他の道路としての第三種（地方部）・第四種（都市部）とされ、一日にどのくらいの交通量があるかという計画交通量に基づいて、幅員や設計速度、舗装強度、勾配、排水施設、交差方法等が定められている。こうした画一的な基準が地域の実情にあわない場合もあり、地方分権改革推進会議（二〇〇四年）で「道路構造のローカル・ルール」が提案され、地域の実情に応じて一・五車線的道路整備などのローカル・ルールを導入して道路整備を進めることが提案され、柔軟な運用が一部で実現した。

③道路の建設は、実施設計、入札、施工管理などの活動が必要である。どのような構造の道路を建

設するかについては、前の段階で決まったが、実際に建設するための細かなデータを含んだ実施設計書が作成されなければ、建設工事を発注することはできない。その後に、建設工事を請け負う業者を選定する入札という手続きに着手する。入札については、橋梁談合でも触れたように、発注者側の裁量が大きく、天下りと受注額との相関関係が指摘されるなど、多くの問題を抱えている。二〇〇七年に発覚した緑資源機構の問題や二〇〇五年の橋梁談合や防衛庁、成田空港公団などの談合も同じ構造であった[5]。

道路の建設が完了すれば、次は④道路の供用開始と維持管理の段階となる。供用の開始について、道路管理者はその旨を公示し、一般に縦覧しなければならない、とされている（道路法一八条二項）。供用開始という行為は、法的には重要だが、実質的には工事が完了し安全な通行が可能になったことの宣言にすぎないが、その後の維持管理が重要である。短期的には交通事故などの要因による道路の損傷に関して、補修をして安全を確認することであるが、長期的には舗装面の改修や耐震強化、全面的な改築に至るまで、道路の機能を存続させるために必要な活動である。戦後、急激な経済成長とともに道路を建設してきた日本は、維持管理よりも新設が重視されてきた。しかしながら、今後の成熟社会では、この維持管理という活動がより重要となる。これを怠ると、橋の崩落や道路の陥没など、道路管理の瑕疵による事故が発生する。二〇〇七年八月には米国ミネアポリスでミシシッピ川に架かる州間高速道路の橋が崩落し、多数の車が川に落下し、一三人が死亡したとされる事件が起こった。冬柴国交相は「日本においては、あのようなことは起きないと堅く信じている」と事故直後に語ったという。しかし、記事によれば、アメリカでは少なくとも二年に一度は点検していたが、日本は国交省の直轄する橋は五年に一度の点検であり、自治体については市区町村の八九％が橋の定期点検を実施していなかったという(6)。

道路建設の最後のプロセスが、⑤事後評価・フィードバックである。道路は建設したものの、予想された利用がないとか、維持管理費が高すぎる等の事前に予測できなかった事態が生じることは避けられない。問題は、そうした事後の評価がフィードバックされて、次の事業のプロセスに活かされるかどうかである。行政のプロセス管理はPDS（プラン・ドゥ・シー）から、PDCA（プラン・ドゥ・チェック・アクション）に変わってきたが、アクションの部分が加わって、事後の評価結果を計画や予算に反映させようという流れになってきていることから考えると、この最後の段階が重要性を増していることがわかる。

以上が、道路の建設のプロセスを概略的にみたものであるが、最後の点に関連して、最近になって、道路行政マネジメントという用語が用いられるようになった。次にこの点について触れておきたい。

### 道路行政マネジメント

道路行政マネジメントという語は、二〇〇三（平成一五）年三月に国土交通省に「道路行政マネジメント研究会」が設置され、その提言が同年六月に出されたが、その頃から使われてきた概念であると思われる。現在では、国土交通省のみならず、都道府県の道路関係部局でも用いられている概念で

ある。では従来の道路管理とどのように違うのであろうか。(7)

この研究会が設置された背景として、二〇〇二年から施行された「行政機関が行う政策の評価に関する法律」(二〇〇一年六月)により、中央省庁が政策評価を求められることになったことがあげられる。また、公共事業については、「経済財政運営と構造改革に関する基本方針二〇〇二」(二〇〇二年六月二五日閣議決定)において、計画策定の重点を「従来の『事業量』から計画によって達成することを目指す成果にすべき」とされるなど、成果志向の行政への転換が叫ばれていたこともあげられよう。さらに、社会資本整備審議会(8)は、新しい課題に対応した道路政策のあり方等に関して諮問され、二〇〇二年八月に中間答申「今、転換のとき」を答申した。そこでは、道路整備について、戦後一貫した着実な整備の結果、一定の量的ストックは形成され、以前のような画一的な量的整備システムでは、今後の成熟型社会におけるすべての地域にとって必ずしも最適なシステムではなくなってきていると して、慢性的な交通渋滞、過去最悪の交通事故件数等、依然として課題は残っており、また国民の期待と整備効果との間にギャップが生じている等の課題もあることから、道路サービスによる成果(アウトカム)を重視し、道路ユーザーが満足する道路行政に転換することが重要であるとしている。

これらを受けて、道路行政マネジメント研究会の提言は、「『成果主義』の道路行政マネジメントへの転換——理論から実践へ」と題していることからも、成果主義をかかげるNPM(9)の影響を強く受けていることがわかる。提言の内容を要約すると、成果主義の道路行政マネジメントに向けた三つの柱として、第一に、「毎年度、事前に数値目標を定め、事後に達成度を評価し、評価結果を以降の行政運営に反映し、マネジメントサイクルを確立」すること、第二に、「道路利用者にとってのわかりやすさに加え、実際の行政運営に反映できる実現性のあるしくみを構築」すること、第三に「数値目標、達成度については、バックデータとともに公開したうえで国民の参画も図り、国民と行政とのパートナーシップを確立」することとしている。そして、成果主義の道路行政マネジメントを実践するための五つの戦略として、①目標と指標の設定、特に政策目標ごとにアウトカム指標を設定、②効率的なデータ収集、評価に必要な交通量等のバックデータも速やかに公表、③毎年度の業績計画の策定及び達成度の把握、④予算・人事のしくみへの反映、成果買い取り型の予算運用等、成果を反映するしくみを構築（事務所ごとの達成度等を明らかにし、競争原理を活用）、⑤アカウンタビリティ・評価の妥当性の確保をあげている。これらを二〇〇三年度より実践に移すべきである、と提言した。

国交省のホームページには道路行政マネジメントの取り組みの詳しい説明が掲載されている。道路行政マネジメントについては次章でも触れるので、ここではポイントだけを示すと、第一に「成果志向」が重視されていることである。年間一二兆円に及ぶ渋滞損失、年間一二〇万人の交通事故死傷者数など、まだ多くの課題が存在しているため、これらの課題解決を成果と考え、PDCAサイクルを用いて成果志向の道路行政マネジメントを実践しているとのことである。第二に「国民との協働による道路行政の推進」と題して、「NPO等の市民団体と協働するなど、国民ニーズにきめ細かく対応する取組みを推進」すること、すなわち「NPO等の市民団体をパートナーとし、国道事務所とともに道路施策を各段階において協働して実施」し、「道路管理分野においては、ボランティア・サポート・プログラム等を引き続き支援するとともに、地域住民や市民団体等に協力を頂き、身近なニーズを汲み上げる工夫を」すると述べられている。まるでどこかの自治体のホームページのようだ。第三に「地方公共団体との連携によるマネジメントの推進」として、「より効率的な道路行政を目指し、各地域においての課題やニーズを国と地方公共団体とで共有し、国と地方公共団体とが連携して最適な解決策を検討し、優先度が高いところから対策を実施する取組みを推進」すると述べられている。そして最後に第四として、「道路行政マネジメントのこれまでの取組み」が述べられている。

以上が道路行政マネジメントの考え方であるが、道路管理の内容が変更されたわけではなく、道路管理の活動を判断する視点が変わったといえる。すなわち、従来は道路管理の活動を予算額や新設道路の延長などの量的な基準で把握していたが、今後は「成果」で道路管理を考えるべきであり、そのためにはＰＤＣＡというサイクルを重視して、道路管理を行うべきである、という考え方に変更したといえよう。現在、こうした観点から道路行政が進められているとのことであるが、その評価指標については、次章で考察することにしよう。

## 3　道路行政の財源

**道路財源**

戦後の道路行政の飛躍的発展を支えた「二本の柱」は、「道路特定財源制度と有料道路制度」であると指摘されているが(10)、後者についてはⅠ章・Ⅱ章で検討したので、ここでは、道路特定財源制度を取り上げることにしたい。

道路財源とは、道路を建設し、維持管理するための財源という意味であるが、その財源は、①税金と②借入金に分けられる。①税金は、所得税や固定資産税などの通常の税金の場合と、道路に支出するものとして徴収された道路特定財源に分けることができる。②借入金は、有料道路の場合にはほとんどが借入金であるが、地方が税金の財源が少ないため公債として借り入れる場合がある。

もう一つ重要な区別は、税金が国と地方に分けられることである。まず国費の内容からみてみよう［表Ⅳ-3］。二〇〇六（平成一八）年度当初予算では、国費三兆六三九四億円の内訳は、特定財源が九九％であり、一般財源は一％にすぎない。国費に占める特定財源の割合は、一九五四（昭和二九）年の揮発油税の創設以来、七〇〜一〇〇％の間で変動してきた。ところが二〇〇二（平成一四）年以降は九〇％を上回る高い比率を示している。逆にいえば、一般財源をほとんど投入せずに済んでいるといえる。さらにいえば、特定財源は余ってきているのではないか、という憶測を呼ぶことになる。

このような国費の内訳に対して地方費についてみると、二〇〇六年度当初予算では、地方費の総額四兆七一一億円の内訳は、特定財源が五五％であり、一般財源は四五％となっている［表Ⅳ-4］。一九五四年以来の推移の概略は、創設当初の数年を除いて、ずっと三〇％台の後半から四〇％台であった。一九九三年に二八％と低い水準であったがその後は三〇％台に戻り、二〇〇四年には四八％、二〇〇五年は五〇％となり、二〇〇六年の五五％は過去最高の比率となっている。とはいえ、国の特定財源比率に比べればずっと低く、一般財源を投入しないと道路の整備ができないという状況に変わりない。ということは、地方に関しては、道路特定財源が余っているということはなく、まだまだ不足しているということを示している。ただし、特定財源を一般財源化すべきではないという意味ではなく、自治体に関していえば、一般財源化されたとしても道路整備には一般財源が回されるということを意味している。一般財源化の問題は国費に限定されるといってよい。

**表Ⅳ-3　国費の内訳**（単位 100 万円）

| | | |
|---|---|---|
| 特定財源 | 3,603,321 | 99.0% |
| 揮発油税 | 2,957,336 | 81.3% |
| 石油ガス税 | 14,332 | 0.4% |
| 自動車重量税 | 571,200 | 15.7% |
| 貸付金償還金等 | 60,453 | 1.7% |
| 一般財源（NTT 財源） | 36,154 | 1.0% |
| 特定＋一般 | 3,639,475 | 100.0% |

注）2006（平成 18）年度当初予算

**表Ⅳ-4　地方費の内訳**（単位 100 万円）

| | | |
|---|---|---|
| 特定財源 | 2,232,100 | 54.8% |
| 地方道路譲与税 | 311,000 | 7.6% |
| 石油ガス譲与税 | 14,200 | 0.3% |
| 自動車重量譲与税 | 370,700 | 9.1% |
| 軽油引取税 | 1,062,000 | 26.1% |
| 自動車取得税 | 474,200 | 11.6% |
| 一般財源 | 1,839,049 | 45.2% |
| 特定＋一般 | 4,071,149 | 100.0% |

注）2006（平成 18）年度当初予算

### 道路特定財源

そもそも道路整備に使途を特定した税というのはどのようにつくられたのであろうか。使途を特定した税は目的税と呼ばれ、それ以外の税は普通税と呼ばれている。税というのはそもそも使途を特定せずに徴収し、必要なところに支出する仕組みであり、もし受益と負担の関係が明確であれば、それは税ではなく使用料として徴収すればよいのである。ところが、公共サービスにはそうした受益と負担の関係が明確にできないという性質があるからこそ、公的な提供が必要であり、普通税による提供が政府のとる一般的な方法である。

しかしながら、目的税という制度は緊急性や納税者の納得などを理由に例外的にとられ、暫定的な制度として位置づけることができる。道路に特定して支出することができる揮発油税の制度もそうした趣旨から一九五三（昭和二八）年に「道路整備費の財源等に関する臨時措置法」で設けられた。もっとも間接税としての揮発油税自体は、一九四九（昭和二四）年に復活したものであり、創設は戦前の一九三七（昭和一二）年のことである。目的税化の議論もあったが、やがてガソリン絶対量が不足し、軍事優先へと統制され、一九四三（昭和一八）年の石油専売法の施行に伴い廃止された。

この法案の国会審議において、特定財源の制度が目的税かどうかが問題とされ、多くの議論がなされた。しかし、提案者の一人である田中角栄の答弁によれば、「本法律案は目的税ではありません」(11)という。その理由は、法案の三条には、「毎年度揮発油税法による当該年度の税収入額に相当する金額を、道路整備五箇年計画の実施に要する道路法及び道路の修繕に関する法律に基く国の負担金又は補助金の財源に充てなければならない」と規定されており、「税収入額に相当する金額」を五箇年計画の道路整備の財源に充てなければならないとしているのであって、税収額を直接道路整備に振り向けるという規定ではないからだという。しかしながら、実質的には目的税であると考えられることから、大蔵省はどう考えているのかという質問に対し、政府委員は「厳格な意味においての目的税ということには考えなくていいんじゃないかと思っております。ただしかし、……目的税的な色彩がそこに一応入って来るということは、これは言い得るのじゃないかと思います」と曖昧な答弁が行われている。とはいえ、道路整備の必要性が高いこと、利用者団体が道路の整備に使われるのであれば揮発油税の軽減運動を中止するという申し入れがあったことなどから、国会では可決された。

その後、翌一九五四年には揮発油譲与税の制度が設けられ、揮発油税収入の三分の一の額が都道府県・五大市の道路財源として譲与されることになった。この揮発油譲与税はさらに翌一九五五年になって地方道路譲与税と変更された。地方道路譲与税は、揮発油税と併せて徴収される地方道路税を一定の譲与基準に基づき都道府県、指定市および市町村に道路財源として譲与するものとした。

この後、地方の道路目的財源として、一九五六(昭和三一)年には軽油引取税が加えられ、全額が都道府県および指定市の道路財源とされた。一九六六(昭和四一)年に創設された石油ガス税は、税収の二分の一相当額が道路整備特別会計に繰り入れられ、残りの二分の一が石油ガス譲与税として都道府県および指定市の道路財源とされた。一九六八(昭和四三)年には自動車取得税が設けられて、地方の道路財源の充実がはかられた。さらに一九七一(昭和四六)年には自動車重量税が設けられ、その四分の一の額が自動車重量譲与税として市町村の道路整備財源に充てられ、残り四分の三は国の財源とされた。この国の財源のうち、八割相当額については、「税創設及び運用の経緯」から道路整備費に充てることとされた。しかしながら、この「経緯」についての詳しい説明はない。二〇〇三(平成一五)年度税制改正において、自動車重量譲与税の譲与割合は四分の一から三分の一へと変更された。残り三分の二は国の財源とされ、約八割(七七・五%)相当額は道路整備費に充てることとされている。

このように小さく産まれた道路特定財源の制度は、その後の経済成長に伴う自動車交通の拡大、ガソリン消費量の拡大に伴い、確実な道路財源として機能した。ところが、最近になって、道路特定財源の制度に対する批判が登場してきた。

**道路特定財源制度の見直し**

道路特定財源を廃止したいという考えは大蔵省には創設の当初から存在した。そうした動きが表面化して、自民党道路族との間に確執が生まれることが時折あった。一九七〇年代にも、鉄道などの交通関係の支出に道路財源を使うべきだという意見が出されたことがある。大きく取り上げられたのは、第二臨調(第二次臨時行政調査会)が一九八一(昭和五六)年夏の第一次答申で「道路その他の特定財源のあり方について幅広く検討する」と述べ、自動車重量税の一般財源化の方向を打ち出したときである。第二臨調の一つのスローガンは、「増税なき財政再建」であり、財政再建に関連して、一九八二年頃から予算の引き締めの影響を受けて、道路整備費が抑えられることになり、特定財源に余裕が生じることになった。そこで、法律上は一般財源とされている自動車重量税を他の支出に回すという方法を大蔵省が持ち出し、一九八二年の予算折衝で八二年度限りの緊急措置として一四一二億円にのぼる自動車重量税の一般財源繰り入れに建設省が同意した。ただし、見返りとして高速道路の建設費を七四〇〇億円（当初要求七一〇〇億円）に増額査定することを大蔵省に認めさせたうえ、第九次道路整備五箇年計画（八三─八七年度）の期間中に道路特定財源として「返却」することを条件にしたという[12]。結局、一般財源として使われたのは、一九八四年までの三年間で四一〇八億円であったが、自民党道路族の要求が強く、一九八五年度の予算編成の段階で、道路財源として戻すこととされた。

この後、道路特定財源が問題とされたのは、一九九七年の財政構造改革会議の論点メモに一般財源化を検討するとされた時であるが、最終報告には「道路特定財源については、危機的な財政状況、受益者負担制度の基本等を踏まえ、自動車重量税の国分の八割相当額に係る歳出面での運用等について、公共投資予算全体が抑制される中で、引き続き国民に適切な税負担をお願いしつつ、受益者負担の観点にたった道路関係社会資本への活用など、集中改革期間における従来の取り扱い等の見直しについて総合的な観点から検討する」と曖昧な表現で記述された。しかしながら、八二年の時も同様だったが、国に余剰ができるのであれば、地方の道路財源に回すべきだという反対論が噴出し、地方からも一般財源化に対する反対の声が盛り上がり、地方にまわせないなら暫定税率を引き下げるべきだ、という脅迫に近い反対論が道路族・建設省を中心に展開されるといういつものパターンになる。結局、この時も、こうした大きな声の反対論の中でいつの間にか一般財源化のかけ声はとぎれてしまった。

## 小泉改革と特定財源の見直し

その次は小泉首相の登場した二〇〇一年である。その前年にも、自民党は、ガソリン税などの道路特定財源の一部を整備新幹線の建設費に転用する方向で検討に入ったと報道されていたが、結局は道路族の反対から実現することはなかった。しかし今回は、構造改革を政治の目玉とした首相の登場であったため、野党からも改革を求められた。

衆議院の予算委員会で、菅直人民主党幹事長から「道路特定財源について一般財源化するかどうか、総理のお考えを」と質問され、小泉首相は「聖域なき構造改革ですから、見直しの方向で検討したい」と答弁した。実はこの予算委員会の前の本会議で、社民党の代表質問で、道路特定財源の一般財源化について財務大臣に質問がなされており、塩川財務相から「特定財源の使途につきましてもさらにさらに広範囲にわたってもいいのではないかと思っております」という答弁があった。財務省が年来の主張を、構造改革を標榜する内閣で実現しようと財務相を動かし、また首相も野党の質問から引くに引かれず改革を引き受けたという印象が強いが、再び道路特定財源の改革が俎上にのぼった。

二〇〇一年一二月に入って、〇二年度予算の編成が大詰めを迎えた頃、自民党の道路調査会幹部が「(公共投資関係費を)一〇%カットしたら、(道路予算が)オーバーフローするのだから、その分は仕方ない」と述べたという報道があり[13]、小泉首相と道路族の妥協が成立した。五日の記者会見で小泉首相は、自動車重量税について「一般財源にして何にでも使えるようにしましょうということだ」と答えたが、塩川財務相は記者会見では、「一般財源として使っていくが、重点は道路関係、社会資本関係に使っていかないといかん」と本音が漏れていた。結局、〇二年度予算では、自動車重量税のオーバーフロー分として、二二四七億円が一般財源として使われることで決着した。

その後、二〇〇二年は一般財源化の動きに対して、国土交通省が先手を打つ方針で動いた。すなわち、二〇〇三年度から始まる新しい長期計画の策定に、新しい考え方を入れる方針を固めたという報道がなされた。内容は、従来の量的拡大政策を抜本的に見直し、渋滞の緩和や生活路線の充実など既存の道路の有効活用を重視する方向で、道路特定財源も見直し、環境税化して国交省内の環境保全予算にあてたり、自治体が生活密着型の道路整備をする財源にあてたり、自動車諸税の大半に課せられた暫定税率を引き下げたうえで一般財源化したりなど使途を広げることも検討するという[14]。国土交通省内の環境保全予算であるとか、暫定税率の引き下げという脅しを使うところなど、従来と変わらないといえるが、ただ単に一般財源化の攻撃を受けるだけの状態から、先手をとろうという方針に切り替わったことは理解できよう。結局、同年一〇月になって、使途を限定しない一般財源化を見送るが、道路整備事業以外に使途を広げる方針を固めたと報道された[15]。国土交通省の戦略が奏功したといえる。その後、予算編成の財務省原案で、京都市営地下鉄が初の道路特定財源対象とされ、国土交通省の方針通りに動いていった。自動車重量税が鉄道整備に用いられたことはあるので、実は目新しいことではない。

ただ、変わったことといえば、二〇〇三年度税制改正で、従来は四分の一であった市町村への譲与税が三分の一に増額されたことである。余っているなら地方に回せという要求を入れたものであり、また三位一体改革にあわせての地方への財源委譲という意味もあった。

二〇〇四年、二〇〇五年と道路特定財源の一般財源化という議論は消えずに残っていたものの、何らの進展もなかった。九月の総選挙での小泉圧勝という結果を受けて、一般財源化という改革が進むのではないかと期待されたが、一二月の「道路特定財源の見直しに関する基本方針」では、「特定財源制度については、一般財源化を図ることを前提とし、来年の歳出・歳入一体改革の議論の中で、納税者に対して十分な説明を行い、その理解を得つつ、具体案を得る」と述べられるにとどまり、実態は首相の任期をにらんだ先送りであった。

### 小泉以後

二〇〇六年になって、小泉首相は依然として一般財源化に着手する考えを表明し、「骨太方針」に一般財源化を盛り込むといわれていたが、結局盛り込まれず、小泉首相は退陣を前にしてまったく指導力を失ってしまった。しかしながら、九月の安倍政権の誕生で、改革を引き継ぐことが宣言され、一二月になって道路特定財源の一般財源化を巡り官房長官らが協議し、国の道路財源の約八割を占める揮発油税については必要な法改正を二〇〇八年度に実施する方向で大筋一致したと報道された(16)。その後、一二月八日になって「道路特定財源の見直しに関する具体策」が閣議決定され、「税収の全額を、毎年度の予算で道路整備に充てることを義務付けている現在の仕組みはこれを改めることとし、二〇年の通常国会において所要の法改正を行う」、「毎年度の予算において、道路歳出を上回る税収は一般財源とする」などと述べられた。二〇〇八年三月末に揮発油税、四月末に自動車重量税の暫定税率期限が切れることから、このような方策が決定された。

ところが、安倍首相の退陣により二〇〇七年九月に登場した福田内閣は、首相が軌道修正に理解を示す発言を繰り返す中で、自民党の道路特定財源の見直しに関するプロジェクトチームが動き出し、第一回会合に出席したトラック業界の代表者は「一般財源化には絶対反対。もしも余るというなら、一刻も早く税負担を軽減すべきだ」と主張したという[17]。自民党内では一般財源化への慎重論が吹き出した。さらに追い打ちをかけるように、冬柴国土交通相は一一月一一日、「(道路特定財源が)余れば一般財源(にする)というが、余るはずがない。地方へ行けば本当に道路が必要だと分かる」と述べた。その後、記者団に「道路整備や補修・管理の費用はどんどん増えている。余ってるなんていう机上の空論はやめてもらいたい」と強調したという[18]。

さらにその直後の一一月一三日、国土交通省は、二〇〇八年度から一〇年間の道路整備中期計画の素案を発表した。道路整備に必要な国費は道路関連事業(三兆円)を含め三五兆五〇〇〇億円で、道路整備に使い道が限られる道路特定財源の収入三一兆~三四兆円(国交省試算)を使い切り、これまで通り道路建設を推し進め、高速道路など高規格幹線道路の未着工区間もすべてつくるとした。政府が一般財源とする方針の道路特定財源の「余剰分」を生じさせない内容になっている[19]。二〇〇六年一二月に一般財源化に同意した大臣が一年も経たずにそれを否定する発言をするという状況は、首相のリーダーシップが重要だということと同時に、連立与党内の政権たらい回しがいかに政策的一貫性がないかを示している。

その後、民主党が道路特定財源の一般財源化と暫定税率の廃止を強く主張し始め、福田首相もそれに対する拒否の姿勢を示していた。二〇〇八年一月二三日になって、政府は暫定税率の一〇年間延長などを盛り込んだ税制改正関連法案を閣議決定したが、それとは別に二九日には自民・公明の議員立法で暫定税率などを五月末まで二ヵ月延長する「つなぎ法案」を衆院に提出し、翌三〇日には衆院財務金融、総務両委員会で可決した。しかしながら、翌三一日に衆参両院議長あっせんによる与野党合意で、両委員会がつなぎ法案を撤回し、国会での論議にゆだねられた。暫定税率の期限切れまでに六〇日を切った中で、与野党の攻防が繰り広げられることになった。

国会では、道路特定財源で職員のマッサージチェアやカラオケ機器を購入していたことが取り上げられたりし、福田首相は一般財源化へ柔軟な姿勢を見せ始めたが、民主党は暫定税率の廃止を求めた。三月末の暫定税率の期限切れが近づき、その直前の二七日、首相は二〇〇九年度からの一般財源化と中期計画の五年への短縮を表明した。民主党は、暫定税率の廃止に触れられなかったことから、話し合いを拒否し、暫定税率の参院での可決は不可能となった。暫定税率の法的根拠が失われた結果、四月一日からガソリン代が二〇数円引き下げられた。しかしながら、参院で否決されたと考える六〇日を過ぎた四月三〇日には、暫定税率復活の法案が衆院で再可決され、翌五月一日からガソリン代が三〇円ほど引き上げられた。一ヵ月ほどであったが、国民は少し安いガソリン代を享受した。

さらにその後、道路特定財源を一〇年間維持する道路整備財源特例法改正案が、五月一三日に衆院本会議で再可決された。他方では、その日の午前中の閣議で福田首相の方針である二〇〇九年度からの一般財源化を閣議決定した。こうして一月末から三ヵ月半にわたる道路特定財源をめぐる攻防が終わった。短期間ではあったが、暫定税率の期限切れによるガソリン価格の引き下げという異例の事態を経験し、また衆議院での再可決という異例の事態も経験した。今後の焦点は、福田首相が二〇〇九年度からの一般財源化という方針を実行できるのかどうか、に移っていく。道路特定財源の一般財源化問題はまだ終わっていない。

## 4 道路の計画——五箇年計画

### なぜ計画が必要か

道路整備を促進した大きな要素として、右に述べた特定財源の制度とともに、道路整備の計画をあげることができる。一九五四（昭和二九）年から始められた道路整備五箇年計画は、二〇〇二（平成一四）年までの第一二次道路整備五箇年計画の終了まで、約半世紀にわたって綿綿と続けられてきた。その後、公共事業批判もあり、縦割りの計画が「社会資本整備重点計画」として統合され、計画期間は二〇〇三年～二〇〇七年までの五ヵ年間とされた。また、すでに触れたように、名称だけが異なる次の道路五箇年計画が策定されつつある。

道路行政にとってなぜ計画が重要なのだろうか。第一に、対象となる道路が膨大であるため、新設であろうと修繕などの維持管理であろうと、単年度で全体を動かすことが不可能である。そのため、長期的な時間の中で処理する必要が出てくる。計画は膨大な量を処理するための時間という側面からの管理行為の分散・分割に適した手法である。

第二に、膨大な量の行政対象があるということは、当然のことながらその財源も膨大になり、計画を実施するための財政的裏づけについても長期的な視点から確保する必要がある。計画は財源の確保という意味でも重要であるが、長期的にすぎると財政状況などが大きく変化してしまい、確保できなくなる場合もあるため、三〜五年程度が実効的なタイムスパンとなる。

第三に、一般交通の用に供される道路には、道路法の道路管理者として国、四七都道府県、約一八〇〇市町村があり、一つの区域内に少なくとも三つの道路管理者が存在するのが普通である。すなわち、一つの区域内に、国道、県道、市町村道があり、それぞれが独立して存在するわけではなく、相互に連結されて初めて有用な道路になる。ということは、様々な道路管理者間の調整が必要であるが、そこでの調整手段として計画がある。また、そうした調整の結果としての計画に基づいて、各主体が実際の管理を実施することになる。調整による計画、計画による現場での実施、そして現場における状況の変化への対応、さらにそれらを次の段階へとつなげていく媒介項としての計画である。計画と調整の密接な関係がここにあるといえよう。ただし、現実の計画でそうした調整が十分に行われているかどうかは別である。

第四に、国民・住民に対する説明責任を果たすための道具としても重要である。道路行政という行政活動は、道路が維持されて当然と考えがちであるため、行政活動を数値として示す必要があるが、計画はどのような活動がどの程度行われるのかを具体的に示し、また単年度ではみえづらい道路管理の成果を計画の終了段階で確認することによって、道路行政を評価するための資料となる。その際、計画による目標値の設定、計画終了段階での結果の公表が前提となるが、それによって初めて国民・住民は道路行政の実態を知ることが可能となる。

戦前の旧道路法時代の道路計画については、右に述べた計画の要素から考えてみると、第一の要素である膨大な量の行政活動があることは確実であるが、自動車交通の需要は現実には低かったといえる。また、第二の要素である財源の裏づけが弱かったことが計画としての実効性を低めたが、経済情勢が悪かったこと、自然災害にみまわれたことなどがさらに財政的基盤を脆弱なものとした。第三の道路管理者間の調整については、都道府県が国の出先であったため、調整が困難だったとは考えられない。第四の説明責任という考え方はまったく認識されていなかったといえよう。このように考えると、戦前の計画は計画という名称であったが、実質的な意味での計画とはいえなかったといえよう。

**戦後の道路計画——第一次道路整備五箇年計画**

戦後の道路計画は、一九五四年度を初年度とする第一次道路整備五箇年計画として開始された。財源のところで述べたように、一九五三（昭和二八）年に制定された「道路整備費の財源等に関する臨時措置法」に基づく道路特定財源の制度に支えられ、それと一体となって進められたものである。計画の規模は二六〇〇億円で進捗率は七割であった。進捗率とは予定された財源の中の実際に支出された金額の比率であるので、計画事業費執行率（あるいは事業費消化率）と呼ぶべきものであるが、国土交通省では進捗率と呼んでいる。なお、計画期間は五年であったが、四年で改定された。

計画の初年度である一九五四年度は、国際収支の逆調や国内の物価上昇等の理由による緊縮財政政策の結果、財源的にはかなりの制約を受けることになったが、それでもなお、一般道路事業は前年度の一・五倍以上の拡大をみており、揮発油税の特定財源化は大きな効果を有していた。

第一次五箇年計画が進められている一九五六年五月、建設省の要請によりラルフ・J・ワトキンスを団長とする高速道路調査団が来日し、「日本の道路は信じがたい程悪い。工業国にして、これ程完全にその道路網を無視した国は日本の他にない」というあちこちで引用される有名な言葉を残した。

**第二次道路整備五箇年計画**

第二次道路整備五箇年計画は、一九五八（昭和三三）年〜一九六二年を計画期間として策定された。計画の規模は、第一次の四倍の一兆円とされ、有料道路事業と地方単独事業も加えられた。第一次計画では主として財源調達の見込みをもとにして投資規模を定めたが、第二次計画では「道路原単位方式」（自動車一台当たりの道路資産額）を用いて算定した必要投資額を基礎として投資規模を定めたという[20]。自動車台数の増加にあわせて道路投資額を増やそうという考え方であり、一つの指標としての数値ではあるが、基準となる年の自動車台数と道路資産額は偶然にすぎないのであるから、規範的な意味を見いだすことは難しい。

なお、一九五八年には、「道路整備費の財源等に関する臨時措置法」(一九五三年)を改正して、「道路整備緊急措置法」として道路特定財源と道路整備五箇年計画の根拠法が新しくなり、また「道路整備特別会計法」が制定され、現在の道路整備執行体制が確立された。さらに、道路整備緊急措置法は、二〇〇三年より「道路整備費の財源等の特例に関する法律」と名称変更されている。「緊急措置」ではなく、恒常的な特例制度であることをようやく承認したと考えられる。

**第三次〜第六次道路整備五箇年計画**

第三次〜第六次の道路整備五箇年計画は、第二次計画と同様に、すべて三ヵ年で改定された計画であり、次の第七次は一九七三年から開始されるため、一九六一年〜七二年の一二年間が四つの五箇年計画で運営されたことになる。

改定の理由として、「交通需要の急激な増大」が第三次〜五次に用いられているが[21]、三年で改定されていった理由はなんであろうか。予測を超える急激なモータリゼーションの進展があり、かつ道路交通が継続して危機的な状況に置かれたため、計画を拡大していったといえよう。所得倍増計画は、年七%の成長があれば、一〇年で倍増するという前提であったが、第二次計画の五八〜六〇年の経済成長率の平均はほぼ一〇%であった。その後の六〇年代の成長率も、平均で一〇%を超えている。予想を超える成長が続いたこと、それが自動車交通の拡大をもたらし、道路整備への圧力として働いたと考えられる。

計画の規模については、第三次が二兆一〇〇〇億円、第四次が四兆一〇〇〇億円（前計画の九五％増、以下同じ）、第五次が六兆六〇〇〇億円（六〇％増）、第六次が一〇兆三五〇〇億円（五六％増）である。経済成長率を遥かに超える急増であることがわかる。税収も伸びたが、それでもこの急増ぶりに追いつかず、暫定税率が引き上げられていった。第三次では、一九六一年度に、揮発油税が一九・二円／Lから二二・一円／Lに、地方道路税が三・五円／Lから四円／Lに、軽油引取税が一〇・四円／Lから一二・五円／Lにそれぞれ引き上げられた。第四次、第五次でも引き上げられた。第六次では、揮発油税等の引き上げは行われなかったものの、資金不足が予想されたため、一九七一年五月に自動車重量税が創設された。

**第七次〜第一二次道路整備五箇年計画**

第七次〜第一二次道路整備五箇年計画（一九七三年〜二〇〇二年）は、いずれの計画も予定の五年間を経過してから改定されている。その意味では、これまでの五箇年計画と異なっている。計画の規模については、第七次が一九兆五〇〇〇億円（前計画の八八％増）、第八次が二八兆五〇〇〇億円（四六％増）、第九次が三八兆二〇〇〇億円（三四％増）、第一〇次が五三兆円（三八％増）、第一一次が七六兆円（四三％増）、第一二次が七八兆円（三％増）となっている。第一二次を除いて、経済成長よりも格段に高い伸び率を示していることがわかる。すなわち、ＧＤＰに占める道路投資の割合も高い伸び率を示していることになる。換言すれば、道路整備に関連する産業が一段と肥大化したことになる。

財源措置としての税率の引き上げは、第七次の期間中の一九七四年四月と一九七六年七月に揮発油税等が引き上げられた。オイル・ショックによる需要の抑制と税収の引き上げという両者を狙ったものである。さらに第八次の期間中の一九七九年六月にも引き上げられた。その後しばらくは暫定税率の変更はなかったが、第一一次の一九九三年五月に揮発油税が四八・六円／L（現行水準）となり、その引き上げ分が地方道路税から引き下げされ、五・二円／L（現行水準）とされた。ただしこれは消費者にとっては変更なしである。軽油引取税については、相対的に税率が低く、ディーゼル車へのシフトが進み、NO$_x$排出環境問題などが指摘されたことを考慮して、七・八円／L引き上げられ、三二・一円／L（現行水準）となった。

以上みてきたように、道路特定財源は、道路整備五箇年計画と一体となってその税率が引き上げられてきた。道路特定財源の一般財源化が議論されると、かならず暫定税率の引き下げという反論が出てくるのは、こうした経緯によるものである。すなわち、形式上は計画上の整備水準が決められ、その財源確保として税率の引き上げが行われたことから、財源にあまりが生じて一般財源化が提案されると、計画を支えるという意味での暫定税率の意義がなくなるため、引き下げとなる。しかしながら、税金の使途の特定化とは特例的な措置であり、税とはそもそも使途が特定できないものであるという税の基本に戻って議論すべきなのではないだろうか。

最後に、前述した計画の要素から五箇年計画を考えてみると、第一の要素である膨大な量の行政活動があり、現実にも自動車交通の急激な増加は計画という手法を不可欠とした。第二の要素である財源の裏づけについては、道路特定財源が十二分に機能したことがわかる。第三の要素である道路管理者間の調整については、次に述べるように、国道の指定区間制度が導入され、直轄工事が増えていったということは、都道府県の道路行政に対する何らかの問題意識があったからであろう。第四の説明責任という考え方はまったく認識されていなかったといえよう。国民が知りたいと思う情報、すなわち、自分の地域の道路はいつどうなるのかという情報は五箇年計画には含まれていない。このように考えると、戦後の計画は財源の確保とそれによる量的整備のための計画であったといえよう。今後は、第三や第四の視点を強めた計画へと質的に転換していく必要がある。

### 社会資本整備重点計画

第一三次に当たる計画は、縦割りだという批判を受けたことから、道路、交通安全施設、空港、港湾、都市公園、下水道、治水、急傾斜地、海岸の九つの縦割り計画を一本化した「社会資本整備重点計画」(二〇〇三年~二〇〇七年)として策定された。これまでの整備計画は、五年間の事業費総額などを掲げていたが、今回からはそうした目標が明示されず、「バリアフリー環境」などの指標を例示してその改善をはかるという目標を掲げている。しかしながら、事業費の多くが向けられる道路整備費の規模が不明であり、継続性を重視する行政のはずであるが、ここでは説明における従来との継続性が無視されている。

また、第一四次に相当する二〇〇八年からの計画について、二〇〇七年一一月に素案が示され、議論を巻き起こした。当初は総額が六八兆円の計画であったが、その後に三兆円が減額され、さらに六兆円が減額されて、五九兆円の規模となった。また、福田首相が二〇〇八年三月末に一般財源化と同時に、中期計画の五箇年への短縮を表明したことから、まだ決着がついていない。

## 5 国道昇格運動

### 国道の指定

新道路法が制定された一九五二年一二月、一級国道の指定が行われ、四〇路線九二〇五キロが選定された。また、翌五三年五月には二級国道の指定が行われ、一四四路線一万四八四七キロが選定された。では、どのような道路が選定されたのであろうか。

道路行政研究会編『道路行政』によれば、一級国道の一次指定に際して、「適正な道路網の規模、カバーすべき都市等について考察」したとのことで、「国道網の規模としては、『道路密度は人口密度の平方根に比例する』という国土係数理論を採用して検討が加えられた結果、一万八七一〇キロが目標規模とされた。カバーすべき重要都市としては、都道府県庁所在地は自動的に含めることとされ、都市活動、工業的な機能及び産業的な機能の三要素が考慮され八一都市が選定された。具体的な路線は、各都市を連結する方法又は比較線を検討し法定要件により全国的なバランスを考えて選定され、最終的には若干の補正が加えられ、四〇路線九二〇五キロが指定された」と説明されている。[22]二級国道については、「法定要件を満足する候補路線について、単位延長当たりの沿道人口、平均交通量等を指数とする路線値を主な指標として選定された。ただ、一般的には路線値が低く地域的な差が大きいため、路線値の比較は地域ごとに行われた。このほか、起終点相互間の緊密度、道路の現況、改築する際の問題点及び費用、一級国道とともに形成する道路網の疎密等が考慮され、一四四路線一万四八四七キロが指定された」という。こうした考え方は一見合理的で、地域的に公平な道路が指定されるように考えられるが、実はこの後に国道の追加指定が行われるわけであるから、次の段階ではここでの指定の考え方が大きく変更され、あるいは新たな考え方が導入されなければならないのであるから、次の段階では妥当しない考え方となる。例えば、「道路密度は人口密度の平方根に比例する」ということであれば、人口密度が二三区の一三〇〇〇人程度であれば、一一四キロ必要となり、日本全国の人口密度（三四〇人）ならば、一八・四キロとなる。そうした計算の上で、一万八七一〇キロという目標規模が出てきたのであろうが、追加指定して延長が伸びると、係数を増やして「平方根の一・二倍に比例する」と言い換えるのであろうか。比例することは理解できるが、どこが望ましい比率なのかは別の基準が必要となる。いずれにせよ、この後、国道は追加され続け、最終的には五万キロ強となる。この最初の段階の考え方はまったく機能していないのであるから、厳密に考える意味はほとんどない。

表Ⅳ-5　国道の指定・追加指定一覧

| 指定年月 | 路線(総数) | 路線番号 | 追加延長 | 実延長 | 備考 |
|---|---|---|---|---|---|
| 1952年12月 | 40 | 1-40 | 9,205 km | | 一級国道第1次指定 |
| 1953年 5月 | 144 | 101-244 | 14,847 km | 24,052 km | 二級国道第1次指定 |
| 1956年 7月 | 7 | | 818 km | | 二級国道第2次指定(主要地方道から) |
| 1958年 9月 | 3 | 41-43 | 662 km | | 一級国道第2次指定(二級国道から) |
| 1962年 5月 | 16 | 16, 25, 44-57 | 2,955 km | | 一級国道第3次指定 |
| 〃 | 33 | | 3,067 km | | 二級国道第3次指定 |
| 1963年 3月 | 1 | | 32 km | | 二級国道追加 |
| 1965年 4月 | 222 (222) | 1-57, 101-271 | 0 km | 27,505 km | 区別廃止，1-57は旧1級国道，その他は旧2級国道 |
| 1969年12月 | 71 (279) | | 5,798 km | | |
| 1972年 4月 | 5 (284) | 58, 329-332 | 276 km | 32,818 km | 沖縄県の本土復帰に伴う措置 |
| 1974年11月 | 73 (342) | | 5,867 km | 38,795 km | |
| 1981年 4月 | 83 (401) | | 5,548 km | 44,202 km | |
| 1992年 4月 | 102 (459) | 507まで | 6,061 km | 50,314 km | 一般国道網の目標5万km達成 |

注）路線数の括弧内は累計路線数.
出典）『道路行政 平成18年版』pp. 310-317を参照して作成.

**国道の追加指定**

その後の追加指定については、［表Ⅳ-5］の通りである。国道昇格への基準について、一級国道の第三次指定（一九六二年）では、「道路網の偏在を是正することに重点が置かれた。すなわち、人口や面積の割に一級国道網が疎な地区において路線を追加し、新たに形成される一級国道網全体が均整のとれた形になるよう考慮された[23]」という。また、一九六九年の追加指定に際しては、「幹線道路網の規模、道路の種類ごとのバランス、国及び地方の財政の事情等が勘案され、追加指定の規模はおおむね六〇〇〇キロと設定された」という。そこで具体的な追加指定路線の選定が行われ、その際都道府県から要望をとり一八九路線一万四二三三キロが検討対象となった。採択に当たって、第一に道路法五条に規定する一般国道の要件に該当すること、第二に自動車交通需要を充足し、国土の普遍的かつ均衡する発展をはかるよう適正な国道網を形成するものであること、第三に原則として主要地方道であることが条件とされた。採択の基礎的な指標となったのは「網値及び路線値」であったが、このうち網値は「人口及び面積に対する網の疎密を示す指標である」[24]と説明されている。ちなみに、路線値とは、路線の重要度を計量的に示す指標である。

一九七四年の追加指定に際しては、将来における国道として整備されるべき延長として、約六万キロの規模が妥当とされた。したがって、「既存の一般国道約三万三〇〇〇キロを差し引いた残りの一万七〇〇〇キロを逐次一般国道に追加指定することとし、今回の追加指定ではこのうち約六〇〇〇キロの指定を行うこととした」と説明されている[25]。

ここまで来ると、漸く全体像が把握でき、一九八一年と一九九二年の追加指定はこの考え方に基づいたものであることが理解できる。一九八一年の追加指定に際しては、「道路の網間隔を計量的に示す網値、路線の重要度を計量的に示す路線値、および国道網のアクセシビリティの向上（国道網への到達距離の短縮）を計量的に示す仕事量を採択にあたっての基礎的指標として用いた」と説明されている[26]。

この説明にある網値と路線値と仕事量、それに国道網全体が均整のとれた形になることという基準については、詳しい説明がないが、果たして道路を整備する基準になるのだろうか。道路を整備する理由は、現実の交通需要を満たせないため、渋滞が生じ、輸送効率が低下し、危険性が増し、道路公害等の迷惑も増大するというマイナスの影響を抑えるためである。網値については、道路密度が濃くても細い道路では意味がないし、路線が重要でも渋滞がないのであれば問題はないし、国道へのアクセシビリティも使われないところでは意味がない。まして、均整のとれた国道網については、机上の地図に国道を描くとそうした発想が生まれるのであろうが、そもそも人口密度は偏在しているのであるから、国道網全体の均整などという考え方は机上の地図作成者の自己満足にすぎないのではないだろうか。

もう一つの要素は地方からの要望をもとめたことである。なぜ、都道府県は自ら管理できる道路を国道にしたがるのであろうか。国道昇格運動とは、都道府県が国に要望する都道府県道の国道への昇格運動であるが、なぜそうした運動が生じてくるのであろうか。いくつか理由は考えられるが、最も重要な要素は、財政負担であろう。第二には、事務手続きの負担であろう。そして第三には、国道があることとの満足感や国道としてのステータスであろう。この理由の説明に入る前に、もう一つ重要な動きを述べておく必要がある。

### 指定区間制度の導入

戦後の国道行政における大きな変化は、国道の直轄管理制度が導入されたことである。戦前は国道とはいえ、すべて都道府県が管理していた。直轄工事は特例的に存在したものの、恒常的ではなかった。戦後になっても、新道路法が制定された段階では、国道の管理は原則として都道府県の役割であった。ただし、「工事が高度の技術を要する場合、……建設大臣が当該一級国道の路線の存する都道府県の知事がその工事を施行することが困難又は不適当と認める場合において」建設大臣が直轄工事を行う（一二条）とされ、道路の維持管理は都道府県の役割とされていた。

一九五八（昭和三三）年三月に、新たに一級国道の指定区間制度が設けられ、大臣の直轄管理の制度が設けられた。すなわち、「一級国道の新設又は改築は、建設大臣が行う。但し、工事の規模が小であるものその他政令で定める特別の事情により都道府県知事がその工事を施行することが適当であると認められるものについては、その工事に係る路線の部分の存する都道府県を統轄する都道府県知事が行う」（一二条）と変更され、「一級国道の維持、修繕、公共土木施設災害復旧事業費国庫負担法第二条第二項に規定する災害復旧事業その他の管理は、政令で指定する区間（以下「指定区間」という。）内については建設大臣が行い、その他の部分については都道府県知事がその路線の当該都道府県の区域内に存する部分について行う」（一三条）と変更された。具体的な指定は「一級国道の指定区間を指定する政令」（一九六五年からは「一般国道の指定区間を指定する政令」）によって定められた。

国会での説明は、「一級国道の重点的かつ効率的な整備をはかるため、現行の管理方式を改め一級国道の新設、改築は原則として建設大臣が行うこととするとともに、特に指定した区間については建設大臣が、その維持管理の責めに当ることにより、一級国道の管理体制の強化をはかりたい[27]」と述べているが、従来の方式ではどこが問題だったのであろうか。その点は不明であるが、新道路法の段階から一級国道の新設・改築に直轄工事を行う体制をつくったということは、そこに人員を配置するのであるから、継続的に直轄工事が必要となり、さらには維持管理も直轄で行うことが人員の維持には好都合となる。また、新設・改築という大きな工事は土木業界への公共事業の配分となるものであるから、都道府県に任せるのではなく、直轄で行いたいと考えるのが役人の発想として自然である。そうした理由は述べられていないが、直轄事業・直轄管理へと国の直接的なかかわりを拡大させていった理由はここにあるではないだろうか。

また、この延長線上にあるのが、一九六五（昭和四〇）年の一級国道、二級国道の区別の廃止である。一級国道は国、二級国道は都道府県知事という管理の分担が前提とされていたが、二級国道についても国のかかわりを強化し、すべて一級国道並とする制度である。その背景には、一級国道の整備が進んできて、財源に余裕が出てきたが、二級国道に財源を回すとなると知事の管理下に置かれるため、国の直轄事業としてコントロールするためには、二級国道という制度を廃止して、すべて一級国道とする必要があった。その意味では、その後の国道昇格は、すべて国がコントロールするために国の側が国道にすることを望んだといえる。ところが、地方はそれ以上に国道への昇格を望んでいた。

**国道昇格を望む理由**

地方が国道昇格を望む理由の第一は、財政負担が軽くなるということである。都道府県道の管理費と国道になった場合の管理費の違いについてみると、国道の場合には、「新設又は改築に要する費用は、国土交通大臣が当該新設又は改築を行う場合においては国がその三分の二を、都道府県がその三分の一を負担し、都道府県が当該新設又は改築を行う場合においては国及び当該都道府県がそれぞれその二分の一を負担するものとする」（五〇条一項）とされており、また、維持、修繕その他の管理については、「指定区間内の国道に係るものにあつては国がその十分の五・五を、都道府県がその十分の四・五を負担し、指定区間外の国道に係るものにあつては都道府県の負担とする」（五〇条二項）とされている。都道府県道の場合には、「予算の範囲内において、政令の定めるところにより、当該道路の新設又は改築に要する費用についてはその二分の一以内」を補助することができるとされている（五六条）。

地方（都道府県、政令指定市）の負担は、国道の指定区間となれば、最も少なくなり、都道府県道のままの場合と比較すると、その差は都道府県にとって大きな意味をもつ。指定区間となるかどうかは、国の裁量の範囲内なので、都道府県としてはただ要望するだけであるが、「一般国道の指定区間を指定する政令」は毎年のように改正され、指定区間が拡大している。都道府県が国道の指定区間に指定されることを望ましいと考え、また国もその方が望ましいと考えた結果である。

しかしながら、都道府県道の場合と国道に昇格しても指定区間外として位置づけられた場合では、財政的なメリットはそれほどない。どちらも維持管理は全額地方の負担であり、新設・改築の場合も二分の一の負担である。それでも、都道府県道については、国の補助金がもらえない可能性もあるが、国道の場合には国の義務的な負担金となるので、もらえる可能性は大きくなると考えられる。

さらに、補助金の申請と負担金の請求では事務作業が異なるので、第二の理由に関連して、後者の負担金の請求の方が、地方の負担は軽減される。すなわち、補助金申請にかかわる事務作業の軽減については、分権を進めるという観点からはいろいろと指摘され、提言されてきた。次章でも触れるが、地方分権推進委員会は、「統合補助金」を提案した。国道の場合には、補助金申請ではなく、法定受託事務である国道管理としての申請であるため、国としての法的に義務づけられた負担金の請求となる。それに対し、都道府県道の場合には、予算の範囲内の二分の一以内であるため、地方間の競争が激しくなり、一二月の予算編成における内示まで、確定しないという状況が続く。地方が国の予算編成の内示を心待ちにする理由がここにある。

第三の理由は、国道があることの満足感や国道としてのステータスというやや論理性のない理由であるが、実はこれが結構重要かもしれない。国道昇格運動を展開していた側としては、国道となることが重要な意味をもってくる。実態としては知事の管理であるため、ほとんど変わらないのであるが、国道のない地域で国道に指定されるというのは、地域の人々の感覚として重要かもしれない。国道の指定区間外という制度を廃止して、都道府県が管理する道路は都道府県道にするという提案は、地域の人々が都道府県道に降格されるというイメージを持つことから、心理的な抵抗感が強いのではないかと思われる。こうした感情的・心理的な部分については、「自治」こそ価値があるという意識を醸成する必要があろう。

政治家にとっても、国道昇格に貢献したことが、地域にとって役立つ政治家であることをアピールすることになるので、国道昇格とか補助金の獲得とか、中央政府に顔が利くことを示すことが再選されることの重要な要素となる。国政レベルでは、このような地元利益還元こそが有権者からの継続的な支持を獲得する方法だと考えている政治家が多い。逆に、支持の低い地域には国道昇格を認めないという制裁的な行為もあったといわれている。[28]

ところが、都道府県レベルではそれ以上に道路整備への要望が強い。革新的な知事として名の知られた橋本大二郎前高知県知事が二〇〇七年一二月に手記を出したが、その中で次のように語っている。[29]

知事として仕事をする中で、武士は食わねど高楊枝（たかようじ）と、分権のあるべき姿ばかりを追い求めていたのでは、日々の糧は得られない。このため、知事の職にあった一六年間は、分権の理想と、国と地方の力関係の現実との、相克の連続だった。

このうち、現実の面で欠かせないのは、霞が関の官庁や、有力な政治家への陳情だ。例えば、知事になった当初、道路関係の分野では、金丸信氏が力を振るっていたので、東京の永田町にあった事務所や南麻布の自宅に、何度か頼みごとに出かけた。ある日、県道の六つの路線の、国道昇格への後押しをお願いに行くと、やおら秘書を呼んで、道路局長につなぐようにと命じる。当時の建設省の道路局長は、後に道路公団の総裁として、民営化論議に抵抗する悪役を務めさせられた、藤井治芳氏だったが、電話口に出た局長に金丸氏は、「今、高知の知事が来てるんだが、国道昇格の陳情だ。よく話を聞いてやってくれ」と告げると、受話器を私に手渡した。

その結果、九二年の昇格の際に、四国で決まった三路線はすべて高知県がらみであった。[30] 金丸の影響力の大きさなのか、行政側の政治に対する弱さなのか、あるいは逆に行政の決定力の大きさなのか、いろいろと考えさせられるエピソードである。

# V章　道路行政の分権と政策評価

本書では、高速道路と一般道路について、歴史的な観点を強く意識しながら、今日までの道路行政について考察してきた。本章では、こうした分析・考察を踏まえて、今日的な三つの問題について検討してみたい。すなわち、第一に地方分権と道路行政、第二に道路の政策評価、そして第三に政治と道路の関係である。市民（国民）がどのように道路行政にかかわっていくのが望ましいのかという観点から、検討を進めたいと考えている。

## 1　地方分権と道路行政

**なぜ分権が必要か**

今日の日本社会はどのような道路を必要としているのだろうか。日本の産業と生活を支える陸上の物流はその多くを道路に依存している。東海道のような大都市と大都市をつなぐ幹線道路から戸口から戸口へとつなぐ毛細血管のような道路に至るまで、日本の産業と生活を支えるうえで道路は不可欠である。戦前は鉄道中心の社会であったため、道路はもっぱら地域的な交通を支えることが主要な任務だったが、戦後は自動車の発達により、誰もが予想しなかったほどに急激なモータリゼーションが進展し、道路は陸上交通の王座に座ることになった。道路の整備もそれにあわせて積極的に行われた。今日では、道路が隘路となって経済発展が進まないという意見を聞くことはほとんどない。また、道路に関する利用者満足度についても、それほど不満が多いというわけでもないようだ(1)。

しかしながら、道路特定財源の議論に表れているように、道路建設推進派は、もっと道路が必要であるとしきりに主張している。たしかにすべての人々が満足のいく水準にないかもしれない。渋滞も交通事故もまだまだ多いし、歩行者が安全に歩ける道路もまだ少ない。都市にも地方にも、狭隘な道路が多く、これまでの道路行政は何をしてきたのだろうと疑うような状況もある。他方で、使われない道路もある。適確に必要なところに道路整備が向けられてこなかったことが証明されたといえよう。なぜ、必要なところに優先的に投資が向けられなかったのであろうか。

必要だと考える視点が優先されてこなかったからであろう。日本の道路行政は戦前の中央集権的な運営が戦後も継続し、国道昇格運動に象徴的にみられるように、中央集権の視点から道路整備が進められてきた。だからこれだけ膨大な道路投資が行われてきたにもかかわらず、依然として道路整備を最優先しようとする発想がなくならないのである。すなわち、分権的な視点から道路整備を進めていく必要がある。

道路の問題も、全国的に考えるべき問題と、広域的に考える問題と、そして地域で考えるべき問題がある。高速道路をどのようにネットワーク化するかという問題は全国的な問題であり、地域的な問題ではない。また、物流という意味でも、港湾に関して日本のどこの港をハブ港として設定し、集中的な投資をして迅速な港湾業務を確保し、そこから国内への配送ネットワークをどのように作るかという問題は、全国的あるいは広域的視点から問題を解く必要がある。

しかしながら、住宅地の中に通過交通が入り込む問題や放置自転車問題、車いすやベビーカーなどのバリアフリー化などは、地域で考えるべき問題として位置づけることが望ましいであろう。分権とは、問題解決に最も適した政府に権限を与え、自治とは問題意識を有する人々が参加して、問題解決をはかる仕組みである。地域の問題は市町村が解決すべき問題であり、そこで解決できない広域的な問題は都道府県が、そして都道府県が解決できない問題を全国的な視点から国が解決すべきある、といえよう。

ところが、現実には国があらゆることに口を出す仕組みとして動いている。国の省庁が地域で解決すべきことまで口を出すという日本の法制度と慣例は、戦前のすべての道路が国の営造物であり、国にお伺いを立てないと何も決定できないという法制度・慣例をいまでも引きずっているようなものである。道路が国の営造物であった理由は、すべての道路が幹線につながっているという理由であったが、教育や福祉、まちづくりに至るまで、この論理が多かれ少なかれ貫徹されている。法制度については、二〇〇〇年の分権一括法によって制度的には分権化されたところもあるが、慣例や意識の部分ではまだまだ分権化は進んでいない。

むしろ道路行政の分野に関しては、戦後の歴史を概観してきてわかるように、分権化というよりも集権化が一方通行で進展した。市町村道が都道府県道になり、都道府県道が国道になり、知事管理の国道が国の直轄管理区間である指定区間に指定されてきた。三〇年前の一九七六年の道路延長と比較すると、国道は四〇％、都道府県道は四％、市町村道は一二％、全体では一二％の増加となっている。市町村道の延長が大きいので全体の増加率は市町村道と同じになっているが、国道の四〇％は国道昇格運動の結果である。都道府県道は余り増えていないようだが、国道に昇格した部分を補うに十分な量の道路が新設あるいは市町村道から昇格している。

では分権化の動きはなかったのであろうか。国道でバイパスなどが完成した結果、旧道部分が都道府県道に戻されたり、工事が終了したため都道府県に管理が戻されたりした例はあるが、きわめて例外的な事例である。そもそも直轄管理区間を拡大させたいと考えたり、一級国道・二級国道の区別を廃止して、すべて一級国道並みの管理をしようと国の役割を拡大してきたわけであるから、そもそも分権などという考えは建設省にはなかったのであろう。後述するように、五次勧告に関連して、道路審議会から出てきた答申にも分権という発想はなかった。むしろなぜ分権を考えなくてもよかったのかが、疑問として生じるくらい不思議な領域である。いうまでもなく、道路特定財源と道路特別会計による豊かな独立王国という道路行政体制が、現代の政治的要請である分権を無視することができたのであろう。地方の創意工夫などは必要なく、ただお金をつぎ込めばよかったといえるかもしれない。

**地方分権推進委員会**

道路行政における分権が提起されたのは、一九九五年からの地方分権推進委員会が最初であろう。機関委任事務廃止に伴う事務の振り分けについては、一九九六年一二月二〇日の第一次勧告で、機関委任事務であった国道の指定区間外の管理が問題とされた。知事が管理しているのであるから、現住所主義(2)を適用するのであれば、自治事務と分類されてもよかったのであるが、すでに説明しているように国道昇格運動やその背景からして、地方が望むのは国の財政支援であり、法定受託事務と分類された。地方道については、「都道府県道の路線の認定に関する国の認可は廃止し、都道府県は国と事前協議を行うこととする」とされ、また「地方道に関する是正措置命令は廃止し、道路の構造を保全し交通の危険を防止するために緊急の必要がある場合においては、国は必要な指示を行うことができることとする」とされた。前段については、議会の議決を経た知事による路線認定であることから考えれば、事前協議ではなく届出でよいと考えるべきであるが、これまでの慣例や道路間の調整を考えると、ここでの結論が限界であろう。結局、道路行政の分野では、機関委任事務の廃止と関与の縮減という一般論としての分権以外は進まなかった。

この第一次勧告が出された頃、橋本首相のリーダーシップの下で、行政改革会議が動き始めた。行革会議は、周知の通り、二〇〇一年一月からの省庁再編を提案した会議であるが、その省庁再編の根拠となった法が「中央省庁等改革基本法」(一九九八年六月成立)である。久々に中央省庁を大きく変更した法律であるが、内閣機能の強化、独立行政法人の設置などの行政組織の効率化、公共事業改革などの減量化、公務員制度改革や地方分権改革の推進などを規定した。後述するように、道路行政の分権についてもそれを推進する根拠法として活用されることになる。

中央省庁等改革基本法の成立を受けて、橋本首相は分権委員会の諸井委員長らとの会見で「再編される中央省庁のスリム化にも資するよう各省庁と詰めてほしい」と要請し、諸井委員長は第五次勧告を「省庁再編にからむ部分を前倒しして、一〇月に出したい」と表明した(3)。

中央省庁等改革基本法の四六条には、「政府は、次に掲げる方針に従い、公共事業の見直しを行うものとする」として、「公共事業に関し、国が直接行うものは、全国的な政策及び計画の企画立案並びに全国的な見地から必要とされる基礎的又は広域的事業の実施に限定」(一号)すると述べられており、また「国が個別に補助金等を交付する事業は、国の直轄事業に関連する事業、国家的な事業に関連する事業、先導的な施策に係る事業、短期間に集中的に施行する必要がある事業等特に必要があるものに限定し、その他の事業に対する助成については、できる限り、個別の補助金等に代えて、適切な目的を付した統合的な補助金等を交付し、地方公共団体に裁量的に施行させること」(二号)と規定されている。

実は、これらの規定は、第五次勧告の根拠としてきわめて重要なものであった。地方分権推進法の四条にも「地方分権の推進は、国においては国際社会における国家としての存立にかかわる事務、全国的に統一して定めることが望ましい国民の諸活動若しくは地方自治に関する基本的な準則に関する事務又は全国的な規模で若しくは全国的な視点に立って行わなければならない施策及び事業の実施その他の国が本来果たすべき役割を重点的に担」うという規定があったが、第五次勧告で扱う公共事業の分権に関する規定としては、中央省庁等改革基本法の方がやや具体的であった。その意味で、基本法の規定が五次勧告の主要な法的根拠となった。

ところが、その一号にいう「全国的な政策及び計画の企画立案並びに全国的な見地から必要とされる基礎的又は広域的事業の実施」という規定は、依然として抽象的であいまいであり、これをいかに客観的で具体的な基準に転換するかが問題であった。それを具体化するものとして、一九九八年六月二二日に「事務・権限の委譲についての考え方」(一次試案)という文書が作成され、各省に提示する準備を整えたが、参議院選挙を控え、政治状況から抑制せざるを得なかった。地元利益還元政治の縮小を求める文書を選挙期間中に公表することは、政治家の反発を買うことになるかもしれないという配慮であったと思われる。

橋本首相はこの参院選における自民党敗北の責任をとって選挙の翌日に退陣を表明してしまったが、その日から各省ヒアリングが開始された。一次試案を中心に各省と交渉を開始したが、この交渉は分権委にとって納得のいくものではなかった。分権委としては、対案を求めていたわけであるが、それが出てこないのである。そこで分権委は、対応策を検討して、対案を出さざるを得ないような大胆な提案をしたらどうかと考え、「論点の整理」(二次試案)を八月一〇日に決定し、各省に提示した。[4]この文書は共同通信によってリークされたものの、その後も非公開として扱われたが、最終的には公開とされた。

その後、八月二四日から「グループ・ヒアリング」が再開され、各省の局長を中心とした数名と行政関係検討グループの数名による「膝詰め談判」が始まったが、各省からの対案はまったく出てこなかった。むしろ九月三日に、自民党政調会の部会から、分権委の「論点の整理」を批判する文書が出されると、各省は族議員の指示に従って従来の主張を繰り返すのみで、膝詰め談判も膠着状態に陥ってしまった。各省の説明は、自民党の先生方から禁足令が出ているので、グループ・ヒアリングには出席できないという通告があったが、実は各省側が自民党政調会の農林部会、水産部会、建設部会、運輸部会の中に地方分権改革小委員会の設置を要請し、この小委員会から地方分権推進委員会との折衝に応じてはならぬという禁足令が発せられたのであった。かくして、交渉らしい交渉はまったく成り立たなくなった[5]。

さらに膠着状態が続く中、当初の予定の一〇月末が近づくにつれ、分権委としては「勧告」を断念して、「意見」とするのもやむを得ないという考え方に傾いていった。一一月に入り、「意見」を出すことを決定しようとした会議の席上に、ある省から対案を出すという連絡があり、最終的な調整を行うことになった。こうして調整された第五次勧告の案が一一月一二日の合同会議に提出され、さらに修文が行われて、一九日の勧告文となったのである。

**第五次勧告**

第五次勧告（一九九八年一一月一九日）は、妥協案として作成された「公共事業の見直しのポイント」に対する各省から対案を突き合わせて調整が行われたものである。第五次勧告は、「公共事業のあり方の見直し」のみならず「非公共事業のあり方の見直し」[6]、「国が策定又は関与する各種開発・整備計画の見直し」にも触れられているが、ここでは、道路行政がかかわる部分のみを紹介したい。

「直轄事業の見直し」について、道路についての提言は、①直轄管理区間の基準、②直轄管理区間の点検と見直し、③指定区間の指定及び廃止に際しての地方公共団体の意見の反映、④直轄公物の管理に際しての市町村の参画の拡大、の四点である。

①直轄管理区間の基準については、「高規格幹線道路の整備・管理を国の責務とするほか、一般国道のうち直轄管理区間として指定すべきものは、交通上、国土管理上重要性が高い中枢的・根幹的なネットワークに係る区間とするが、その考え方を具体化し、今後は、現在の一般国道の指定要件である道路法五条一項各号のうち一号及び四号を基本として、原則として下記a又はbの区間に限って直轄管理することとし、その旨を明確にする」として、さらに「この判断を行うために必要な要件についての検討を含め、できる限り客観的な基準を具体化するよう検討する」としている。

この「a又はb」の基準としては、「a　国土の骨格を成し、国土を縦断・横断・循環する都道府県庁所在地等の拠点を連絡する枢要な区間（大都市圏における広域にわたる環状道路を形成している区間を含む。）」、「b　重要な空港、港湾等と高規格幹線道路あるいは上記の路線を連絡する区間」としている。なお、このaとbは、道路法の規定から引用した考え方である。

次に、②直轄管理区間の点検と見直しについては、「①により具体化された基準に照らし、改めて、個々に現在の直轄管理区間を点検する」として、「その場合、基本法四六条一号の趣旨を踏まえ、……廃止又は新たな指定などの見直しを行う。また、あわせて、定期的に直轄管理区間の見直しを行うシステムを導入する」としている。③指定区間の指定および廃止に際しての地方公共団体の意見の反映については、「一般国道の指定区間の指定及び廃止に当たり、関係地方公共団体の意見を聴取することを明確にする」としている。④直轄公物の管理に際しての市町村の参画の拡大については、「直轄公物の管理であっても、地域に密着している下記の分野に関しては、できるだけ地元市町村の主体性が尊重されるよう、市町村が参画できる範囲を拡大するための措置を講ずる」とし、分野として「歩道の植樹、照明の管理等の分野」があげられている。

このような第五次勧告は、公共事業の分権について提案した文書というより、どのように分権するかを各省に対して提言した文書であるといえる。提案という意味では、「論点の整理」の方が公共事業の分権に関する具体的提案を含む文書であるといえるが、勧告の中身については、それぞれの省がその手続きに従って検討すべきものであるという縦割りの論理が前面に出てきて、「見直しをする」「検討を行う」という約束を求めることにとどまっている。外部からの口出しはお断り、ということが霞が関のルールなのである。

この後、第五次勧告は、「政府の言葉に書きかえ(7)」られて、第二次地方分権推進計画となった。この書き直しに関して、政府は第五次勧告を尊重し、地方分権推進法一一条の規定に忠実に、書き直しを実施したといえる。

**道路審議会の対応**

道路審議会から「直轄管理区間の指定基準に関する答申」(一九九九年七月)が出されたのは、二次計画に「平成一一年度に点検を行」うことが明記されたからであるが、答申そのものにはその経緯が触れられてはいない。また、建設大臣が道路審議会に対して、「今後の幹線道路網の整備・管理のあり方について」(諮問四八号)を諮問した時期は、五次勧告のための検討が始まった後の一九九八年八月二五日であり、分権委とのやり取りが諮問の主要な契機であると考えられるが、その点についても、答申の中には触れられていない。

答申の1「はじめに」では、なぜ直轄管理区間の具体的な指定基準を定めなかったのかについての理由が述べられている。すなわち、すでに本書でも述べているように、一九六四(昭和三九)年の道路法改正によって一級・二級に分かれていた国道を一本化したが、それはすべてを直轄管理区間に編入しようと考えていたからだと述べられている。すなわち、すべての国道を直轄管理区間にしたかったのであるが、予算や人員の制約からそれが果たせず、今日に至っていると率直に語っている。

2「国の役割と広域交通の確保」では、国の主な役割として、①経済・社会活動の基盤等としての中枢的・根幹的な道路の整備・管理、②道路構造や標識などに関する統一的な基準・手続等の策定、

③道路管理者間における調整や広域的効果を持つ根幹的な事業等への助成、の三点があげられている。ここで重要なことは、「中枢的・根幹的な道路」をどのように決めるのか、である。その視点として、国が直接整備・管理する必要性・緊急性等を勘案して、①全国レベルの経済・社会活動の基盤形成、②災害時においても機能する信頼性の高い広域ネットワークの確保、③国土・地域の骨格形成、国土の保全などの国土の適正管理、そして④国家的な緊急課題への先導的かつ統一的な対応、の四点があげられている。

これに続いて、自動車交通が都道府県境を越えてますます広域化していると述べ、こうした「広域交通の確保のためには、常に安定的にそのサービスを提供する連続した幹線ネットワークが必要」であり、「部分的には地域的・地先的な利用が卓越しているとしても、以下の①から③を踏まえれば、複数の都道府県による整備・管理よりも国による一元的な整備・管理の方が効率的である」という。「以下の①から③」とは、①都道府県境を越える人流・物流のほとんどを高速自動車国道と直轄国道で分担している現状、②特定地域のニーズを充足することに責任を有する地方公共団体で対応するのは、非効率な面が存在、③仮に、都道府県境を越える広域交通の確保を都道府県等の地方公共団体が担うとすれば、県境部の道路整備状況の格差に見られるように、整備等のプライオリティが必ずしも一致しない地方公共団体間では整備・管理の各段階にわたって多くの調整が必要、という三点である。

ここでは、広域交通の確保のためには、国が直轄管理しなければならないということを述べているわけだが、「部分的には地域的・地先的な利用が卓越しているとしても」という表現があるように、一般国道では県境を越える交通よりも県内交通の方が「卓越している」状況が多いのではないだろうか。逆にいえば、広域交通を優先させてきたため、地域的な交通という観点からの整備が犠牲にされている状況が作られたのではないかという疑念が生じてくる。

続いて、3「直轄管理区間の指定基準のあり方」が述べられている。ここが最も重要な部分である。まず「指定基準の基本的な考え方」として、第一に「高規格幹線道路は、……その整備・管理については国の責務とすべきである」としている。第二に、「国家的見地から重要な拠点を効率的・効果的に連絡する最小限の枢要なネットワーク」を国の責務とすべきであるという。すなわち、①「都道府県庁所在地等の広域交通の拠点となる都市を効率的かつ効果的に連絡する枢要な区間」、②「重要な空港・港湾と高規格幹線道路又は①の区間を連絡する区間」としている。この記述は、道路法五条一項一号と四号であり、分権委のaとbである。

①「広域交通の拠点となる都市」については、「具体的には、地方中核都市（都道府県庁所在地及び人口概ね三〇万人以上の市）を基本としつつ、地方都市においては、経済・社会活動や生活の基盤となる中核的な都市（人口概ね一〇万人以上かつ昼夜間人口比一以上の市）を考慮すべきである」と述べられている。また、②「重要な空港・港湾」については、まず「重要な拠点となる空港」とは、「地方ブロックの中心となる都市の空港を基本とすべきである」とし、「重要な拠点となる港湾」とは、「広域交通の拠点となる特に重要な港湾とすべきである」としている。

この説明でも、①「都道府県庁所在地等の広域交通の拠点となる都市」が都道府県庁所在地以外の三〇万都市やさらに一〇万都市まで拡大されていることに気づくが、さらに「その他の重要な拠点」として、半島地域等では直轄国道のネットワークを形成する可能性が低いため、「二つ以上の市を含んだ人口概ね一〇万人以上の半島地域等であり、かつ広域交通の拠点となる都市への到達が著しく困難な地域においては、その中心となる市を広域交通の拠点となる都市とすべきである」と述べられている。この基準にまで至ると、「広域交通」という観点ではなく、直轄国道のバランスという観点に指定基準が移されているといわざるを得ない。半島地域の振興と広域ネットワークは別の話であるはずだが、結局国道の恩恵を地域に配分するという従来型の考え方が入り込んでいるのである。

このことは、「直轄管理区間の調整」という部分では、より明白になっている。すなわち、「具体の直轄管理区間の指定にあたっては、地方の中核的な都市（人口概ね一〇万人以上かつ昼夜間人口比一以上の市）を考慮するほか、広域的な利用状況や国土全体からみた道路網配置のバランスにより調整を行う必要がある」と述べられているように、直轄管理区間のバランスが広域交通と並んで打ち出されている。

4「直轄管理区間の指定基準の運用」では、「直轄管理区間の定期的見直し」と「関係地方公共団体の意見を反映する手続」の導入が提言されており、さらに「以上のような手続については明確化を図るとともに、その過程の透明性の確保に配慮する必要がある」とも述べられている。また、5「その他」では、「バイパス整備後の現道等については、……特別な事情がある場合を除き、調整の上、地方公共団体に引き継ぐべきである」とされ、さらに「広域的な幹線道路網が全体として効率的・効果的に機能を発揮するよう、関係する道路管理者間の調整により策定される広域的な幹線道路網の整備計画の位置づけや内容についても併せて明確化することが必要である」と述べられている。最後に、6「あとがき」では、「利用者へのわかりやすさを重視して、一般国道をはじめ幹線道路の路線番号の体系的な整理についても検討することが必要である」と締めくくられている。

この部分については、「路線番号の体系的な整理」を除いて、すでに分権委の提言の中にみられるものであり、目新しい提言はない。ただし、「関係する道路管理者間の調整により策定される広域的な幹線道路網の整備計画」がどのような計画を想定しているのか不明であるが、もしそうした広域的な幹線道路網の整備計画ができるとしたら、事前の調整が重要であり、調整さえできれば、計画主体や整備主体はあまり問題ではない。したがって、「地方公共団体で対応するのは、非効率な面が存在」するとか、「整備等のプライオリティが必ずしも一致しない地方公共団体間では整備・管理の各段階にわたって多くの調整が必要」というマイナス面を克服できるのではないだろうか。

### 道路行政における国と地方の役割

さて、道路行政における分権について考察してきたが、ここでのまとめとして、国と地方の役割分担について、考えてみたい。

第一に、国と地方の役割分担を考えるうえでの基本的な考え方として、全国的広域的な道路交通についいては国が主として対応し、地方的地域的な道路交通については地方が主として対応するという視点は、一般的に異論がないものと思われる。具体的には、高速自動車国道などの高規格幹線道を利用する交通の多くが全国的な道路交通と考えられ、国が管理すべきであるし、また都道府県道と市町村道を利用する交通の多くが広域的地域的な道路交通と考えられ、都道府県・市町村が管理すべきである。これらの中間に位置する国道であるが、五・四万キロの国道は、①国直轄の指定区間二・二万キロと、②都道府県管理の指定区間外三・二万キロに分けられている。特に②は、国道であるが、都道府県が管理するという現住所と本籍が異なっている。なぜ異なっているかについての説明はすでにみた通り、当初の意図はすべて国の直轄で管理する予定であったが、財政等の制約からそれが果たせないままになっているから、異なっているということであった。すなわち、過渡的な状況であるということになるが、それでは、依然としてすべて直轄管理にしようとするのか、それとも都道府県管理の管理に委ねるのか、が問題となる。大きな流れは、これ以上の国の行政の肥大化を抑制するという方向であるので、また道路特定財源という余裕財源があっても実現しなかったわけであるから、たとえ財政が好転したとしても、直轄管理区間を拡大することは困難であろう。とすると、過渡的制度は終了させ、どうすべきかを考える必要がでてくる。その際、道州制などの議論がでているが、実現する方向に進めば、国が国道を直轄で管理するという状況はなくなるであろう。その点を視野に入れて、国の役割を考えることにする。その際重要なこととして、一万四〇〇〇キロの高規格幹線道網が全国的交通の多くを処理していることがあげられるが、昭和三〇年代との大きな違いとして認識される。

道路審議会の「中枢的・根幹的な道路の範囲を検討する視点」では、国が直接管理する必要性等を勘案すると、①全国レベルの経済・社会活動の基盤形成、②広域的な危機管理、③国土・地域の骨格形成、国土の適正管理、そして④国家的な緊急課題への先導的統一的な対応、の四点であった。①は理解できるが、②は危機管理という点からは、救助活動の機動性・柔軟性と道路輸送の代替性が重要であろう。国道だけのネットワークではなく、都道府県道・市町村道を含めた道路ネットワークで対応すべきである。③は多様な要素が含まれているが、鉄道や海運を含めるべきであり、また道路法の道路だけの問題ではなく、森林・農地や林道・農道との総合的な問題でもある。直轄国道だけに与えられる機能ではない。④も多様な機能が含まれているが、道路環境対策などは国がやればよいのではなく、都道府県道・市町村道も含めて行われることが必要であり、先導的な施策についてもどのように普及させるかがその後に必要となり、そのためには国は何ができるかを考える必要がある。要するに、②〜④の理由は、国が直轄で管理しなければならない理由にはなっていないのである。

このように考えると、①の視点を客観的に判断できる指標を示す必要があろう。すなわち、机上の理論ではなく、交通実態に即して考えればよい。その基礎的データとしては、交通調査があり、それを分析することによって、道路の性格が判明すると考えられる。具体的にいえば、国道を利用する交通のうち、県内を移動する交通は地域的交通であるが、県境を越えていく交通は全国的交通である。全国的交通の多い道路の部分は全国的観点から管理される方が望ましいが、そうでなければ地域的な道路として管理すべきだということになる。問題は「多い」とはどの程度の量なのか、である。やはり五割を超えていれば多いといえるが、実態は五割に満たないのではないか。交通調査のデータで確認すべきだが、交通調査のデータ自体がどこまで普遍的かという問題もある。朝は県庁所在地に向かう車で混雑し、夕は帰る車で混雑する。逆に夜は、高速道路を避けて無料で通行できる国道を走るトラックが多い。五割を超える必要はないと思うが、こうした客観的なデータで全国的かどうかを主要な判断基準とすべきではないだろうか。なぜ道路審議会はこうした単純なことを指摘しないのであろうか。それでは、国道管理の解答が出てこないからである。すなわち、説明が破綻してしまうからであるが、その事例は北海道や沖縄である。海上に国道のルートを設定しているが、それは県境をつくり出すためのこじつけでしかない。

沖縄の国道を考えてみると、一九七二年の沖縄復帰とともに指定された二桁国道の最後の国道五八号線やその他の国道が指定されている。五八号線やその他の国道の一部が指定区間とされ、国の直轄区間とされている。全国的交通のための道路であるとされているわけであるが、県境もないところに全国的交通があるという論理は理解できない。したがって、全国的交通という観点から選択されているわけではないことが明白である。このように考えると、道路審議会の説明は沖縄に関しては破綻しているわけであり、国が管理している現実を説明する論理としても機能していない。沖縄に幹線道路が必要ないとか、国の財政支援が不要という意味ではまったくない。国が直轄で管理する必要があるのかどうか、という問題である。県への財政的・技術的支援では不十分で、なぜ国家公務員が直接にかかわらなければならないのか、という問題である。

もう一つの事例は、最も重要な幹線ネットワークとされている高規格幹線道路である。それほど重要であれば、国が直接管理すべきであるが、実態は高速道路会社に委ねられており、直轄管理はしていない。高規格幹線道路のように重要な道路であっても、国が直接管理にかかわる必要がないことをこの事例が証明している。実際の建設工事は民間の事業者が行うのであるし、実際の維持管理・補修などの業務も民間の事業者に委託するものが大半である。すなわち、道路管理者の主要な役割は、企画・立案とそれに伴う発注業務である。天下り先を確保するには、この発注業務にかかわる必要がある。日本道路公団の橋梁談合や成田空港公団、防衛庁などの談合が天下り確保であったことが判明している。天下りを不要とするシステムができれば、発注業務にこだわる必要はなくなる。

第二に、では国の役割は何か。全国的な交通のための企画・立案はやはり国の役割であろう。北海道や沖縄と本土との間にはどのような双方向の物流があり、それが地域内でどのように流れるのかを把握したうえで、ネックとなっている部分の改善に必要な財政的・技術的な支援を行うことは国の重要な役割である。直接国道を管理することよりも、道路に関する技術開発や長期的な視点、先導的な施策を都道府県に伝えることが重要ではないだろうか。また、同時に、道路予算の確保という役割もあろう。現在は道路特定財源があり、道路に関してはほぼ自動的に財源が確保されているが、一般財源をつかう河川行政や民間企業に依存する割合の多い公共交通分野などでは、どのように予算を確保するかは困難な任務である。こうした縦割り間に合理的な予算を配分することは国の役割であり、またこの財源を地域に対してどのように配分するのかも重要な任務である。大枠は政治が決定するとしても、細部については、合理的な数字を積み上げる必要がある。

さらに一歩進めて、道州制に移行することを考えれば、国道の役割は明確になる。国道は道州の基幹道路となり、国は高速道路の管理に限定されるであろう。地方整備局と本省の機能の一部が道州に委譲され、少なくとも国道を管理する国家公務員はいなくなる。その際にどのような本省機能が残るのか、という問題である。道路行政の企画・立案、予算確保と地域配分、先導的施策開発と技術開発の道州・市町村への普及などが重要な国の役割となろう。そうした中でも、次に述べる道路の評価は今後の道路行政を考える上で重要な要素であり、国は道州の道路の評価に取り組むと同時に、道州と自治体と国民に対して、そこでの経験や知見、洞察を積極的に伝えるという役割が重要となる。

## 2 道路の評価、道路行政の評価

### 行政評価の流れ

道路行政マネジメントのところで触れたように、行政評価は道路行政にとって重要な要素になりつつあるが、まずはその流れについてみておこう。国の行政評価については、一九九七年の行革会議から説明が始められることが多い。例えば、総務省ホームページの「政策評価の総合窓口」から「政策評価の制度について」、「政策評価制度の導入に関する経緯」へとたどっていくと、一九九七（平成九）年一二月に出された「行政改革会議最終報告」において、政策評価の導入が提言されたことから始まっている。現在の国の制度としての政策評価がここを起点としているという意味では正しいが、それまで国レベルでは行政評価が行われていなかったのかというと、そうではない。予算編成時に評価的な判断が行われていたし、また総務庁時代から「行政監察」という事後評価が行われていた。ところが、そうしたこととは本質的に異なる要素を含んだ政策評価が始まったという意味では、一九九七年の行政改革会議は重要な出発点であった。

しかしながら、この行政改革会議の議論を引き出したのは、自治体における政策評価の動きであった。一九九七年当時、注目を浴びていたのは、三重県の「事務事業評価」であり、北海道の「時のアセスメント」であった。

三重県では、一九九五年に当選した北川正恭知事が職員らと検討を重ね、翌一九九六年から取り組み始めた。当時の三重県では「生活者を起点とした行政の確立」として、「さわやか運動」を展開し、その一環として「事務事業評価システム」を導入した。具体的には、「事務事業目的評価表」を担当課に作成させることを通じて、総合計画の進行管理と予算編成の資料として活用することが意図されていた。また、評価の対象となった事務事業は、当時の三重県の総合計画である「三重のくにづくり宣言」において示された政策体系（五つの基本目標、二〇の政策、六七の施策、三三〇〇の事務事業）に位置づけられていた。筆者も当時かかわっていた政策評価の研究プロジェクトを通じてＡ４版で六六〇〇頁の評価表を入手し、その評価表を検討したことがある。

北海道では、一九九七年当初の堀達也知事の年頭あいさつで「時のアセスメント」に取り組むことが宣言された。時のアセスメントとは、「時代の変化を踏まえた施策の再評価」とされているが、長期間停滞している施策を「時」という物差しを当てて、施策の役割や効果等を点検・評価することとされている。その物差しとしての時間は、誰もが「停滞」という事実を客観的に認識できる一〇年間という時間であり、見直しの対象となる施策・事業を自動的に選択することが可能となる。その意味で優れた方式であり、同時に過去の個人責任を問わない仕組みとして位置づけられた。一九九七年七月の政策会議において、松倉ダムやトマムダムなどの六施策が選択された。その後、同年一二月の政策会議において三施策が対象に追加された。これらの見直しの結論は、一九九八年四月から翌年にかけて再評価書が公表され、取り止めや建設延期などの決定が下された。

国の行政評価に戻ると、行政改革会議の提言を受けて、一九九八年六月に「中央省庁等改革基本法」が成立し、基本方針として政策評価機能の強化が盛り込まれた。その後、一九九九年五月、総務庁行政監察局に政策評価等推進準備室が設置され、各省庁政策評価準備連絡会議が発足し、政策評価の実施方法等に関する標準的ガイドライン案の策定作業に着手した。七月には、「国家行政組織法」の改正が行われ、「内閣府設置法」・「総務省設置法」などが成立し、政策評価を実施する体制が確定した。続いて、二〇〇一年六月に「行政機関が行う政策の評価に関する法律」が国会で可決された。さらに一二月に「政策評価に関する基本方針」が閣議決定され、二〇〇二年四月から施行された。

### 国土交通省における政策評価

こうした政府の動きに対応して、公共事業が批判の対象としてマスコミで取り上げられていたこともあり、国土交通省では、比較的早い段階で政策評価への取り組みが行われた。二〇〇〇年六月の段階で、「国土交通省における政策評価のあり方に関する懇談会」を立ち上げ、翌二〇〇一年五月には有識者からの意見を聞く「国土交通省政策評価会」を開催した。同月、「政策評価運営方針」を決定し、評価会で検討した「政策チェックアップのための政策目標、業績指標（素案）」についてパブリックコメントを実施し、八月には第二回目の政策評価会を開催して、「政策チェックアップのための政策目標、業績指標」および「事前評価書」を決定した。

「業績指標・目標の決定」では、「国土交通行政が目指す目標を、アウトプットだけではなくアウトカム（成果）にも着目して、具体的な指標で明示」するとされ、二七の政策目標（アウトカム目標）、一一二の業績指標、それぞれの指標ごとに五年以内の目標値が示された。また、政策アセスメント（事前評価）の実施として、新規施策について、必要性、有効性、効率性に関する事前評価が導入され、三八の新規施策について、事前評価書が作成された。その後もこれらの指標・目標は若干の修正を受けたものの、ほぼ大枠は維持されて今日の評価に引き継がれている。

翌二〇〇二年三月に、「国土交通省政策評価基本計画」が策定され、次のような四つの目的が示された。（1）国民本位で効率的な質の高い行政を実現する、（2）成果重視の行政への転換を図る、（3）統合のメリットを活かした省全体の戦略的な政策展開を推進する、（4）国民に対する説明責任（アカウンタビリティ）を果たす、という目的である。これらの目的は大変望ましいものであり、行政のための行政を国民のための行政に転換するための宣言として、意味はある。

では、こうした目的にそって、具体的な指標・目標はどのように定められているのだろうか。道路行政に関する指標として、［表V－1］のようなものが掲げられている。

これらの目標・指標のうち、説得力の高いものも確かにある。例えば「1　橋梁の予防保全率」は危険性の高い橋梁についての指標であり、実際に事故が起こっていることからもその重要性が認識できる。では、一般道の安全性はどうなのであろうか。道路に関して第一にあげるべき指標は、道路全体についての安全性を示す指標ではないだろうか。一般道路は安全だからということであれば、それを示す必要がある。山岳地帯が多く、しかも地震や台風などの自然災害の多い日本で、すべての道路がいつでも安全に通行できる状態を確保することはほとんど不可能であろう。だからこそ、ドライバーが察知した危険情報をいち早く伝えてもらう仕組みも重要であろう。携帯電話の発達した今日では、十分に機能する通知システムができるのではないか。

また、「4　道路交通における死傷事故率」や「5　バリアフリー化の割合」、「6　道路渋滞による損失時間」、「9　踏切遮断による損失時間」、「13　自動車交通の$CO_2$排出削減量」、「14　道路利用者満足度」、「20　夜間騒音要請限度達成率」、「21　$NO_x$環境目標達成率、SPM環境目標達成率」などの成果指標も重要である。しかしながら、細かい点ではそれぞれに問題があるように思われる。例えば、「4　道路交通における死傷事故率」については、目標値が一〇八億台キロとされているが、これでは個人的認識の範囲を超えた統計数値として理解され、ドライバー個人は関係ないという印象を持ってしまうので、もう少し解説が必要であろう。(8)「5　バリアフリー化の割合」に関しては、健常者にとってもバリアフリー化は望ましいが、利用者五〇〇〇人以上の意味が説明不足ではないだろ

表V-1　道路行政が目指すべき成果を表す指標

| 指標 | 定義 |
|---|---|
| 1　橋梁の予防保全率 | 15 m 以上の橋梁のうち「予防保全検討橋梁数」に対する「早急な対策の必要がない橋梁数」の比率 |
| 2　災害時に広域的な救援ルートが確保されている都市の割合 | 地域の生活の中心の都市のうち，隣接する中心都市への道路の防災・震災対策が完了しているルートを少なくとも 1 つは確保している都市の割合 |
| 3　防災上課題のある市街地の割合 | 人口が集中している市街地のうち，都市基盤が脆弱なため，災害時に道路閉塞等により車輌通行が阻害され，緊急活動等に支障をきたすおそれの高い市街地の面積の割合 |
| 4　道路交通における死傷事故率 | 自動車走行台キロあたりの死傷事故件数 |
| 5　バリアフリー化の割合 | 1 日当たりの平均利用者数が 5, 000 人以上の旅客施設の周辺等の主な道路のバリアフリー化の割合 |
| 6　道路渋滞による損失時間 | 渋滞がない場合の所要時間と実際の所要時間の差 |
| 7　路上工事時間 | 道路 1 km 当たりの路上工事に伴う年間の交通規制時間 |
| 8　ETC 利用率 | ETC 導入済み料金所における ETC 利用車の割合 |
| 9　踏切遮断による損失時間 | 踏切遮断による待ち時間がある場合とない場合の踏切通過に要する時間の差 |
| 10　規格の高い道路を使う割合 | 全道路の走行台キロに占める自動車専用道路等の走行台キロの割合 |
| 11　拠点的な空港・港湾への道路アクセス率 | 高規格幹線道路，地域高規格道路またはこれらに接続する自動車専用道路のインターチェンジ等から 10 分以内に到達が可能な拠点的な空港・港湾の割合 |
| 12　市街地の幹線道路の無電柱化率 | 市街地の幹線道路のうち，電柱，電線のない延長の割合 |
| 13　自動車交通の $CO_2$ 排出削減量 | 運輸部門のうち，自動車交通における平成 17（2005）年からの $CO_2$ 排出削減量 |

| | |
|---|---|
| 14　道路利用者満足度 | 道路利用者満足度調査における「よく使う道路全般に対する満足度」の値 |
| 15　ホームページアクセス数 | 道路関係ウェブサイトと携帯電話向けサービスのトップページのページビュー数の合計 |
| 16　道路事業の総合コスト削減率 | 平成14年度の標準的な工事コストに対する工事コストの縮減に加えて，（ア）規格の見直しによるコストの縮減，（イ）事業のスピードアップが図られることによる便益の向上，（ウ）将来の維持管理費の縮減も評価したコスト縮減率 |
| 17　隣接する地域の中心の都市間が改良済みの国道で連結されている割合 | 隣接する地域の中心の都市間を結ぶルートが車道幅員5.5m以上の国道で改良または整備されているルート数の割合 |
| 18　日常生活の中心となる都市まで，30分以内で安全かつ快適に走行できる人の割合 | 日常生活の中心となる都市まで，改良された道路を利用して30分以内に安全かつ快適に移動できる人の割合 |
| 19　路線番号の認識できる交差点の割合 | 都道府県道以上の道路が相互に交わる交差点のうち，交差道路の路線番号あるいは通称名の付されている案内標識の整備されている交差点の割合 |
| 20　夜間騒音要請限度達成率 | 環境基準類型指定地域または騒音規制区域いずれかの指定のある区域を通過する直轄国道のうち，夜間騒音要請限度を達成している道路延長の割合 |
| 21　$NO_x$環境目標達成率，SPM環境目標達成率 | 自動車$NO_x$・PM法対策地域内で，$NO_2$について環境基準を達成している国土交通省が設置している常時観測局の割合，自動車$NO_x$・PM法対策地域内で，SPMについて環境基準を達成している国土交通省が設置している常時観測局の割合 |

出典）国土交通省『平成17年度達成度報告書・平成18年度事業計画書』，『道路ポケットブック2006』より作成．

うか。「6　道路渋滞による損失時間」、「9　踏切遮断による損失時間」も重要であるが、こうした数値が正確に把握できるのかどうか疑問である。開かずの踏切をゼロにするという目標を立て、その指標を考えるのがよいのではないか。「13　自動車交通の$CO_2$排出削減量」については、目標値の八〇〇万トンがどういう意味の数字であるのかについて、説明がほしい。「14　道路利用者満足度」も重要であるが、目標値に関する説明が不足している。(9)「20　夜間騒音要請限度達成率」については、直轄国道だけでなく、道路全体とすべきではないか、少なくとも国道全体とするべきではないか。「21　$NO_x$環境目標達成率、SPM環境目標達成率」についても、説明が不足しているのではないだろうか。

右にあげた指標以外の指標は成果指標と捉えることが難しい。すなわち、「2　災害時に広域的な救援ルートが確保されている都市の割合」という指標であるが、救援ルートが被災する可能性もあり、こうした指標の有効性が理解しにくい。「3　防災上課題のある市街地の割合」という指標については、道路の閉鎖だけが課題ではなく、様々な課題が考えられることから、課題のない市街地があるのかという点から問えば、意味のある指標なのであろうか。阪神淡路大震災のときも、道路の閉鎖によって救援が困難だった地域もあるが、火災が発生し、ライフラインが分断された。「7　路上工事時間」については、工事時間だけでは意味がなく、それが渋滞等のマイナス要因を発生させているかどうかが問題であろう。そうしたデータがとれないのであれば、指標としては、入札の総合評価で考慮される工事施工者への要望事項にすぎない。「8　ETC利用率」は成果指標ではなく、有料道路管理者として望ましいだけにすぎない。有料道路管理者としては、目指すべき指標かもしれないが、政策評価の指標ではない。「10　規格の高い道路を使う割合」も同様に、道路管理者としての希望を指標にしたもので、成果指標ではない。「11　拠点的な空港・港湾への道路アクセス率」についても、インターチェンジと空港・港湾の計画段階におけるつなぎ方の問題であり、行政の目指すべき指標かもしれないが、利用者の指標ではない。「12　市街地の幹線道路の無電柱化率」は一見成果指標のようだが、無電柱化によるメリットが成果となる。そこが見えない限りは活動指標にすぎない。しかも、市街地の幹線道路にとどめるのであれば、なおさらである。無電柱化の優先順位が高い地域は市街地の幹線道路とは限らないのではないか。「15　ホームページアクセス数」についても、しばしば使われる指標であるが、ホームページ管理者としては指標となっても、利用者の成果指標ではない。ホームページアクセス数が増加することが望ましいという論理的なつながりを明確にする必要があろう。「16　道路事業の総合コスト削減率」も行政の指標であるが、成果指標ではない。「17　隣接する地域の中心の都市間が改良済みの国道で連結されている割合」についても、11と同様に、行政の指標であるが、成果指標ではない。「18　日常生活の中心となる都市まで、三〇分以内で安全かつ快適に走行できる人の割合」であるが、こうした数字が正確に把握できるとは考えられない。最後に、「19　路線番号の認識できる交差点の割合」であるが、路線番号がわかるとどうなるのか、論理的なつながりが不明確であり、成果指標とは言い難い。

かなり厳しい視点から各指標についてコメントしたが、ここからわかるように、指標には二種類あることがわかる。①利用者としての国民が享受できる成果としての指標と、②行政が目指すべき指標である。②の指標が①と混同して用いられていることが問題点として指摘できよう。しかしながら、②は不要という意味ではない。行政がその活動の目標として設定し、それを達成しようとすることに意味がある場合は、そうした指標が有効である。道路事業の総合コスト削減率などがそれに当たる。しかしながら、それが成果指標だということにはならないであろう。

**道路行政マネジメントと評価**

では、こうした政策評価への取り組みが、道路行政マネジメントとして活かされているのであろうか。Ⅳ章でも紹介したように、ホームページには取り組みの事例がいろいろと紹介されている。関東地方整備局の「新しい道路行政マネジメントを実践する委員会」の第三回委員会(二〇〇六年六月二日開催)の配布資料に基づいて紹介しよう[10]。

このホームページのトップには、「道路行政は、標準品の大量供給から国民の選択に基づく最適で良質なサービスの提供へと変換し、行政スタイルもこれに見合った形に変わっていくことが必要と考えます。この取り組みとして、わかりやすいデータや指標を公表し、国民の道路行政への参加を進め、施策を選択する活動、プロジェクトをH17年の秋に始動しました」と述べられている。

政策評価での成果目標として、道路の安全性や道路交通における死傷事故率、渋滞による時間の損失などが指標として示されていたが、これらの指標は、国民にとってわかりやすい指標であると同時に、目標達成は望ましいことであり、国民にとっての成果といえる。そこで、道路の量を増やす道路行政から交通事故を減少させるための道路行政に、また渋滞を減少させる道路行政に転換することが求められることになる。と同時に、それらの前提として、国民にわかりやすく伝えるという手段が重要であるが、それを「道路見える化プラン」として実施し、その見せる内容として、交通事故の減少と渋滞の解消が取り上げられている。

マネジメントの手順としては、管轄区域内の道路に関して、交通事故の多い箇所と渋滞の多い箇所を取り出し、そこを重点的に改善するための手法を考えることである。問題は、従来もこうした目標があったことから、それらとの整合性をどのようにとるか、取り出す基準はどうするかなどの実務的な点で現場がとまどったりしたという。しかしながら、目標の方向が異なることではないので、管轄区域の都県ごとに進められた。「交通安全見える化プラン」では、例えば山梨県内について、対策を急ぐべき箇所・区間として、八二二六箇所のうち四七箇所が選定された。そのうちの一つである国道二〇号大月ＩＣ入口交差点では、沿道の店舗進出により出入り車両が増加し、追突事故や右折車と直進車の衝突が発生しているが、対策としては路肩を活用して、中央帯を広げ、沿道出入り車両の待機スペースを確保したという（二〇〇五年度実施）。引き続き、対策後の交通状況をフォローアップしている。

また、「渋滞見える化プラン」では、例えば神奈川県では、渋滞損失時間が七六千人時間／年キロ（全国ワースト三位）であり、対策を急ぐべき箇所・区間として、三四箇所が選定され、その一つである国道一号原宿交差の立体化を進め、約八割を占める直進の通過交通を分離するという対策を立て、二〇〇六年秋頃までに設計を進め工事に着手するという。

さらに、「現場見える化プロジェクト」として、これまでの工事中の標識等は、工事内容を主体とした表現であったため、何のための工事かわからなかったが、今後は事業目的を主体とした表現に変えて、工事目的を正しく理解してもらえるよう、また道路ユーザーにわかりやすく示すことを検討している。このプロジェクトの内容は、「この工事は何の目的で、何を改善するのか」「いつ完成するのか」を伝えることであり、路上工事看板の改善、事業説明看板の改善、現場のオープン化、を進めるという。

ここでの説明をみると、順調に行政マネジメントが推進されているようだが、職員のアンケートをみると、そうともいえない部分がある。二〇〇六年三月開催の第八回の道路行政マネジメント研究会の議事録には、実施した職員アンケートの結果が事務局から説明されている。それによると、総勢二三六一名から回答（回答率六七％程度）を受けたという。回答者の立場は、一般職員三割、実務を担当する係長級が四割程度、残りは管理職以上が約四分の一程度という割合であるという。アンケートの設問については、マネジメントがどのぐらい認知されているかについては、「言葉とか何となく意味がわかっている」というのが七割程度だが、「実際の言葉も意味もよく知っている」というのが二割程度、という。どうして認知されていないかということの理由については、「日常業務と関係がない」とか、「PR・研修不足」という理由が多い。回答者の組織別でみると、出張所などの現場職員の認知度がかなり低く、役職別でみると、一般職員になればなるほど認知度が低いという傾向がある。また、マネジメントの考え方が浸透したきっかけとしては、内部の勉強会や研修が浸透に寄与しているということが分かる結果となっている、という。

マネジメントで今後どういうものが大事かという設問については、「地域、マスコミに対して課題や成果をわかりやすく説明していくということを目指すべきではないか」、また「住民、関係者と協力関係を築いていくべきではないか」という意見が多かった。職員の意識としては、マネジメントを認知している職員ほどアウトカム志向、また成果を重視する意識が強いという結果が現れている。マネジメントに関心を持てるかという設問については、「関心を持っていくためには組織内のコミュニケーションの強化が有効だ」、また「それを増やすべきではないか」、「組織内に同様の組織やプロジェクトチームを設置する」、「横断的な横の連携というのが求められている」、「外部への周知・PR」が必要である、「外部からほめられるというようなこと、また評価をもらうということがマネジメントに興味を持つというきっかけになるのではないか」という意見があった。「取り組んでみた実感、そこでの改善、あるいは結果としてどのような効果があがるか」という設問では、「何らかの改善を実感している職員は三割以上という結果になって」いる。改善があまりされてないという分野としては、「コスト意識」で、そのためにどのようにPDCAを確立して業務を効率化するかということがまだまだ遅れているというような結果になっているという。

回答者のうち、係長級以上が半数を超えるということから考えると、道路行政マネジメントという考え方については、まだ浸透度が低いという印象を持つが、今後の啓発活動に期待したい。では、市民はどうであろうか。もちろん、市民が道路行政マネジメントを意識する必要はないが、どのような視点から道路政策、道路行政をみればよいのであろうか。

**市民が道路を評価する方法**

筆者はいくつかの自治体で、行政評価・政策評価にかかわってきた[11]。行政だけでなくあらゆる組織において、自己の活動を見直すという意味での評価活動は重要である。国の政策評価も、様々な課題や限界があるものの、さらに進めていく必要のある活動である。当初は抵抗もあったようだが、最近では積極的に政策評価を活用して、政策の刷新に取り組もうという対応が増えてきたように感じられる。

国の政策評価には、学識経験者がかかわることが多いが、国民参加・市民参加という手法をとる省庁はまだないようである。自治体の場合には、市民が参加して学識経験者と一緒に市民の視点から行政活動を評価しようという仕組みが多くの自治体で行われている。その際、市民委員には市民の視点から行政を評価することが求められるわけであるが、どのような視点を市民の視点とするかは、容易に解明できる問題ではない。施設等は利用者の視点からの評価となる。とはいえ、評価すべき施設をすべて利用した経験があるということの方が例外的であり、市民としてもどのように判断してよいか迷うことが多々ある。

そこで、道路を市民の視点から評価するということを考えてみたい。ある市民が住んでいる自治体の政策評価委員会の委員になったという前提で、考えてみたい。市民が評価する視点は、①道路についての利用者としての経験と、②第三者的評価者としての判断である。前者の利用者としての評価は、利用したことのある道路に限られることになるが、自分の住んでいる自治体以外の道路もいろいろと利用しているという経験から、わが自治体の道路の評価が可能となる。もちろん、利用の範囲は限られているため、自治体の道路全体についての判断ではないが、たとえ自治体の道路担当職員であってもすべての道路がわかるわけではないので、一部であってもかまわない。たまたま利用したというだけであっても、利用者の判断として意味を持ってくる。いわば直感のようなものであるので、人の経験や感受性によって異なってくるが、だからこそ評価として機能するのである。顧客満足とか利用者満足度といわれている指標がこれに相当するが、一人の判断だけで評価が確定するわけではなく、なるべく多くの市民の評価を得られるようにすることが望ましいであろう。

②第三者的評価者としての判断は、道路に関する客観的なデータをみて抽象的な市民という立場から判断することである。この判断は何よりもデータに依存することから、データ作成者の意識が重要である。また、絶対的な判断ではなく、相対的な判断であるため、判断するためにどのようなデータが必要であるかが重要となる。どのようなデータが必要かについては、ようやく道路に関する指標が議論され始めた現在の段階では過渡的な状況であるといえることから、また国土交通省の指標についてもまだまだ問題があるように、さらに議論し、様々な意見の調整が必要であろう。データがそろえ

ば、そこから論理的・客観的に判断することになるため、立場が異なっても評価自体に大きな格差はないと考えられる。とはいえ、指標間に格差が生じるであろうから、それらの差異をどのように総合的に評価するかという点で、人による差が出てくると考えられる。したがって、ここでもできる限り多くの市民の評価が望ましいといえる。

では、こうした立場から道路に関して何を評価するのであろうか。国の指標では、右に述べたように二一の「成果」指標があげられていた。ここでは、「成果」指標にこだわることなく、道路あるいは道路行政を評価するための指標として、[表V-2] に示されているような目的・目標・指標が重要ではないかと考えている。この表は、筆者が一九九八年〜二〇〇〇年の三年間にわたって、東京都市町村自治調査会での政策評価に関する研究プロジェクトで議論した指標である。

ここでの考え方の概略を説明しておこう。行政活動の目的として、①安全性を確保する、②快適性を高める、③効率的に運営する、という三つをあげた。「①安全性を確保する」は、とりわけ基礎的な行政活動を意図しており、「②快適性を高める」は、①を遂行してなお余力がある場合には行ってほしいという選択的な活動を意図している。また、③は行政運営上の目的である。それぞれについて、目標と指標が書かれているが、①については、「①—1　生活道路における事故を抑制する」から「①—9　ゴミの散乱を防止する」まで、九つの目標を掲げ、その右側には具体的な指標等を示している。「①—1　事故の抑制」については、交通事故の発生率の経年変化の表、類似団体比較、交通事故の発生地点の地図、交通事故の原因分析とその発生数に関するツリー図を示すことを意味してい

表V-2　生活道路施策の目的・目標・指標

| 目的 | 目標 | 指標等 |
|---|---|---|
| ①安全性を確保する | ①—1　生活道路における事故を抑制する | 交通事故の発生率〈経年変化〉〈類似団体比較〉<br>交通事故の発生地点〈地図〉 |
| | ①—2　き損箇所の補修を迅速に行う | き損箇所の発生状況<br>補修にかかる平均時間〈類似団体比較〉 |
| | ①—3　歩車の分離を進める | 歩道の現況〈総延長の経年変化〉<br>危険箇所で歩道のない道路延長〈経年変化〉 |
| | ①—4　必要な箇所のバリアフリー化を行う | バリアフリー化の進展状況〈経年変化〉<br>誘導路の延長〈類似団体比較〉 |
| | ①—5　生活道路への通過交通を抑制する | 生活道路に侵入してくる通過交通の量的把握<br>通過交通の抑制施策の現状(スクールゾーンの実施率) |
| | ①—6　必要な箇所に街路灯を設置する | 街路灯の設置が必要な箇所の確認と街路灯の必要数(ミニマム量) |
| | ①—7　狭隘道路の改善を進める | 狭隘道路の改善状況〈経年変化〉〈類似団体比較〉<br>4メートル以上の道路の増加延長 |
| | ①—8　道路の排水性を確保する | 道路の排水不良箇所とその修繕状況 |
| | ①—9　ゴミの散乱を防止する | 道路清掃の現況，道路清掃事業の現状<br>市民との協働を進める事業（定性） |
| ②快適性を高める | ②—1　道路の不法占拠をなくす | 道路の不法占拠・不法占用の現況，対応策の現状<br>改善状況〈経年変化〉〈類似団体比較〉 |
| | ②—2　放置自転車を減少させる | 放置自転車の状況（駐輪場整備状況）<br>駐輪場整備率＝駐輪場収用可能台数/放置自転車台数(%) |
| | ②—3　道路の緑化を進める | 道路緑化の現況（マップ），緑化事業の現状（マップ）<br>緑化の進展状況〈経年変化〉〈類似団体比較〉 |
| | ②—4　バリアフリー化を推進する | バリアフリー化の進展度，休憩用スペースの設置の現況<br>障がい者用トイレの設置状況 |
| | ②—5　歩行者・自転車等の専用道路を推進する | 歩行者専用道路の延長〈類似団体比較〉<br>自転車専用道路の延長〈類似団体比較〉 |
| | ②—6　景観を改善する | 景観行政の現況，無電柱化の延長 |
| ③効率的に運営する | ③—1　道路機能の維持業務を効率的に行う | 道路維持管理の総経費(予算額，人件費，委託費……)<br>維持管理の単位費用＝総経費/生活道路延長〈類似団体比較〉 |
| | ③—2　道路台帳管理等の業務を効率的に行う | 道路台帳管理等の管理業務にかかる経費・職員数<br>管理業務経費/生活道路延長〈類似団体比較〉 |

る。また、「①―2　き損箇所の補修」については、き損箇所の発生状況、き損箇所発見から補修に至る業務の現況フロー図、補修にかかる平均時間と類似団体比較を示すことを意味している。

二〇〇〇年度に東京都昭島市で行った政策評価では、時間的な関係からもっと簡略化した指標を用いたが、自治体の道路行政を評価するためにはこの程度の指標が必要であろう。この経験からいえることとして、いい指標を思いついても、実際にはデータが存在しないという場合が多いことである。これまで評価などということを考えて資料を蓄積してきたわけではないため、存在しないのも当然であるが、今後は評価することを前提に必要な資料を蓄積していくことが求められる。また、その際、市民が評価するためのわかりやすい資料にすることを心がける必要がある。

## 3　政治と道路の関係

最後に、政治と道路との関係について、整理しておきたい。これまでみてきたように、道路は政治が推進してきたといってよいほど、政治がかかわってきた。当然といえば当然のことで、道路の建設・維持は公共的な仕事であることから、政治が決定すべきだといえるからである。ただ、政治が決定するといっても、政治家個人が決定するわけではなく、「国権の最高機関」たる国会という場で正統な手続きに従って決定するという意味であることはいうまでもない。この意味で、戦後の高速道路に関する最初の立法である国土開発縦貫自動車道建設法は議員立法であり、しかも衆議院議員の九割を超える議員が提案者となっていた。

しかしながら、政治が推進してきたという場合、このような制度としての政治ではなく、政治家の個人的な影響力を原動力として道路整備が推進されてきたという側面を指すことが多い。すでにみてきたように、七六〇〇キロに拡大する際にも、政治が大きくかかわっている。「道路は政治力で決まる」という趣旨の発言はおそらく無数に存在するであろう。前章の最後に引用した橋本前高知県知事の手記の中にも、与党の有力政治家に仲介を依頼したエピソードが出てくる。また、建設大臣の職にあった政治家が国道昇格運動を自分の利益を中心に決定し、支持の低い地域には国道昇格を認めないという制裁的行為もあったことに触れた。こうしたことは政治が決定すべきなのだろうか。民主主義にとって望ましいとは考えられないが、どこに問題があるのだろうか。

また、Ⅱ章で引用したＮＨＫ報道局の著書には、道路族といわれる政治家の代表格の一人で宮崎県選出の国会議員、江藤隆美は、「政治家にとって道路とは何か」と問われ、「道路は、政治家にとってロマンだよ、夢だ、夢。地元への最大の贈り物、プレゼントだよ」と述べたとある[12]。国民にとって、本当に道路は最大の贈り物なのであろうか。

### 道路は政治力で決まる

まず「道路は政治力で決まる」ということの意味であるが、ここでの「政治力」とは、政治家（国会議員のみならず、建設大臣等閣僚や地方議員も含めて）が発揮する力であることは確かであるが、ここでの文脈では、国や道路公団に働きかける力、すなわち、国や公団の意思決定に対する影響力を

「政治力」と呼んでいるようである。政治家が自ら決める力という意味での「政治力」ではなく、他の意思決定主体に対する影響力としての「政治力」である。

本来、政治が決めるべきことを決めず、行政に委ね、行政への影響力を行使するという政治は、民主主義が予定する政治とは異なるのではないだろうか。政治が大枠としての基本的な決定を行い、具体的で詳細な決定は合理的・専門的基準に則して行政が行うという仕組みが民主主義の求めていることだとすると、なぜそれができないのであろうか。

国土開発縦貫自動車道建設法を議員立法で成立させることは、この原則に合致しており、予定路線を法律に書き込むことも同様であろう。しかし、基本計画、整備計画へのつながりはすべて行政に任せているといえる。この実質的で重要な部分を政治が決定することはできないのであろうか。基本計画、整備計画を国会の承認事項にすれば、可能ではないだろうか。国幹審の代わりに、国会の委員会の承認とするのである。その場合、三権分立の制度の下では行政権への介入だ、という議論が出てくる可能性があるが、それは国権の最高機関としての国会であるという憲法論で反論できよう。

むしろ問題は、政治家同士の取り合いとなり、収拾がつくかどうかである。政治家は理論的には国民の代表であるが、現実的には地元の代表であり、部分利益の代弁者であるからである。しかしながら、政治家が部分利益を主張するのは、全体が見えない場合であり、全体が見える場合には自己の部分利益を全体の中で調和させようとする。それが政治家であろう。また、そうした政治家を国民が支持する文化が生まれない限り、政治は常に部分利益の戦いで終わってしまうことになる。

このように考えると、政治の役割を高める必要があることがわかる。道路は政治力で決まる仕組みをしっかりと作る必要がある。ただし、国会としての政治であり、フォーマルな政治であり、公開の政治であり、制度の政治である。インフォーマルな政治ではなく、非公開の政治ではなく、個人的な影響力の政治ではない。

では大臣がその権限を行使するというフォーマルな側面はどのように考えるべきであろうか。例えば、大臣が自己の利益に即して権限を行使するという場合である。すべての決定を公開の場で行うことは困難であろうが、国会への責任として、専門的・合理的な基準に則していることを説明する必要がある。

行政に委ねることが多いという日本の政治行政システムの特徴は、戦前からの歴史的経緯の中で形成されてきたものである。戦前はある意味で仕方ない側面もあるが、憲法が大きく変わった戦後においても継続していることはどうしてなのだろうか。行政の基本的な思考が戦前の要素を継続しているからという説明で多く疑問は解消するが、では今後はどうすればよいのだろうか。政治の活動領域を拡大することであり、政治が行政のコントロールという本来の役割を果たすことである。

### 道路は地元への最大の贈り物

もう一つの問題は、それに関連して、国民の選挙における投票行動であるが、政治家の部分利益の追求を承認するような投票行動がみられることである。すなわち、道路をもたらす政治家は確実に再選されるという信念を政治家に与えたことである。「道路は、政治家にとってロマンだよ、夢だ、夢。地元への最大の贈り物、プレゼントだよ」という発言がその証拠である。しかしながら、道路で地域が豊かになることはない。地域の生産活動があって、道路がネックとなっている場合には、道路ができれば、生産活動が拡大することもあるかもしれないが、生産活動自体が衰退傾向にある場合には、道路ができても地域は豊かにならない。地域の活性化のためには、道路ではなく、別の手段が必要である。地域にとって本当に必要なものは何かを考える必要がある。

かつては多くの地域で自動車交通の急激な拡大に対応できず道路が不足していた。しかしながら、戦後綿綿と続けられてきた道路投資の結果、多くの地域で充足してきている。道路が充足した地域の住民は、やがて道路よりも別のものを要望するようになる。それが何かは地域によって異なるが、充足した地域が増えるに従い、道路をもたらす政治家への支持は低下していくことになろう。多くの国民はかつて高速道路の建設を望んだが、民営化論議が出てきた頃には、高速道路の建設は抑制すべきだという意見が大勢を占めていた。

また、道路が建設された地域の住民は、当初はその便利さに喜んだが、やがて道路交通がもたらす様々な迷惑に気づき始め、道路が整備された地域では、道路の建設自体が善であったことから次第に道路は悪という観念が芽生えていった。道路が建設される前から道路の迷惑に気づき、反対してきた人々もいる。一九六〇年代から全国各地で、道路の建設反対運動が始まった。

やがて、道路推進派は少数派に転じることになろう。政治家だけが道路推進派として残る可能性があるが、それは公共事業としての道路工事が政治家に隠れた利益をもたらしたからであって、住民の利益というのはそれを隠す「隠れ蓑」にすぎないのではないか。地元への最大の贈り物という意味は、地元の建設業者への贈り物であり、さらには自分への贈り物であったのではないか。ここには、政治家と行政官と業界の利益共同体が存在した。

## 政官業学民の利益共同体とその崩壊

政官業の利益共同体を支えた大きな要素は、豊富な財源であった。まず、政治家が活躍することによって道路特定財源という豊富な資金が準備された。それをバックアップする意味で、膨大な道路建設計画が官僚制によって作られた。建設業界はこの膨大な道路工事に対応するため、拡大を続け、とりわけ地方でこの道路建設に依存する構造が作られていった。道路建設に依存する方が地域の脆弱な産業を活性化するよりも簡単であった。しかしながら、道路工事がなくなると地域の経済は縮小してしまい、不況対策としての公共事業への依存度を高めていった。その結果、地域の独自な産業が育たず、建設業者だけが余力を持って、政治家の活動を下支えした。政治家は道路工事が票になると考え、道路工事の拡大をさらに進めた。ここでの政治家とは、国会議員だけでなく、選挙で争われる政治的ポストはすべて含まれる。とりわけ首長は都道府県レベルだけでなく市町村レベルでも道路が自治体にとって生命線であると考えており、また自治体議員も同様である。そこには、「道路は票になる」、という強い信念が存在する。ここでの道路とは、一般道のみならず、高速道路も含まれる。国会レベルの政治家にとっては、高速道路を含めた幹線道路が重要であり、地方の政治家には地方レベルの道路が重要である。

これが政官業複合体の構図だが、実はここに学（道路工学や橋梁工学など）も大きくかかわっていた。民間が道路を作ることはほとんどないため、道路工学は政府のための学問である。橋梁も同様で、橋梁に関する学問は政府の予算の上でしか回らない。こうした道路に関する学者たちが官僚制の計画を工学的・技術的な観点から支えてきたのである。さらに加えるならば、民（国民）も動員され、この構図を支えてきたといえる。現実に道路が票として機能し、道路を作った政治家は着実に当選を重ね、政治力を増していった。政官業学民の複合体が日本社会に形成され、それが二〇世紀後半を支配してきたのである。「高速道路は政治力で決まる」「道路は地元への最大の贈り物」という言葉はこの構図を象徴的に示したものである。

しかしながら、道路が整備されればされるほど、便利さも拡大するが、他方で道路の迷惑も拡大する。政官業学民の強い結束から民が脱落を始めた。ただし、民は民でも、道路利用者や自動車利用者という立場の民は、むしろ業としての側面が強いため、当然ではあるが、こうした民の外見をまとった業は強い結束の中にとどまった。官僚制は縦割りの中で自己陶酔に陥り、世界が見えず、この構図からはずれると仕事がなくなるという錯誤から脱却できず、構図を守り続けている。

政治家の中には、道路以外の領域に関心をもつ勢力が豊かな道路特定財源に目をつけ、お裾分けをねらう勢力が生まれてきた。こうした勢力は当初は一般財源が道路にとられないことから、道路特定財源の制度を歓迎していたが、やがてその配分を受ける仕組みを考え出し、重量税などの自動車関係税の一部について、道路以外の目的で使うことをもくろみ始めた。また野党は、国民の中に道路否定派の数が増大したことに目をつけ、道路から他の分野、例えばまちづくりや福祉へという流れを作り出そうとしている。道路が整備されればされるほど、道路派は減少していく。

ところが、与党の保守的な政治勢力は依然として道路が票になると信じている。野党はまだ道路否定派を十分にまとめきれず、野党の中でも古い勢力との確執が残っている。しかしながら、道路は票になるという戦後日本を支えてきた伝統的な観念が崩れつつあり、道路と政治の関係も変わっていくことが求められているといえよう。国民が変われば、政治家も意外と早く構図から脱落する可能性が高い。次は官僚制で、政治がリーダーシップを発揮して、方向性を変えれば、変わる可能性がある。問題は業と学である。業は市場で生きているため、市場が縮小するのであれば、業も縮小するのが経済の論理であり、やがて縮小していくことになる。最後に残るのが学であろう。学の縮小は世代単位で考える必要があるため、緩やかにしか対応できない。しかしながら、政官業学民の複合体は、確実に崩壊への道を進んでいる。

［注］

## はじめに

（1）広辞苑第六版。

（2）西尾勝は、「世間一般の常識にもっとも近いのは道路交通法にいうところの道路であろう」と指摘している。西尾勝『行政の活動』有斐閣、二〇〇〇年、一一九―一二〇頁。

（3）農道にはいくつか種類があるが、農業用機械で消費される揮発油税相当額によって整備される農道を「農免農道」という。その意味は、農業用機械の揮発油税は自動車が通行する一般道路の整備に用いられるべきではないと考えられており、そのため税が免除されるべきであるが、実際にガソリンがどのように使われるかを確認するのは現実的には困難であることから、相当額を農道の整備に用いることとされている。また、「広域農道」とは、農村地域に散在する農地の連携を強め市場競争力を強化するために、広域的な農道を整備して、農村における生活水準の改善を目的とした農道を指している。さらに、「ふるさと農道」と呼ばれるものがある。これは、集落間あるいは集落と基幹的公共施設等との間を連絡する農道であり、「ふるさと農道緊急整備事業」として実施された。これら以外の農道を「一般農道」という。

（4）『朝日新聞』（社説）「緑資源の闇　疑惑は深まるばかりだ」、二〇〇七年五月三〇日。また、立花隆も同様な疑惑を指摘している。立花隆「松岡氏らの自殺を結ぶ『点と線』、『緑資源機構』に巨額汚職疑惑」。http://www.nikkeibp.co.jp/style/biz/feature/tachibana/media/070531_tentosen/

## Ⅰ章

（1）国幹会議とは、国土開発幹線自動車道建設会議のことであるが、従来は国幹審（国土開発幹線自動車道審議会）と呼ばれていた。一九九九年の法改正によって、中央省庁の再編と同時に、名称とメンバーの変更が行われた。

国幹審のメンバーは、当初の国土開発縦貫自動車道建設法では、会長および委員二九人以内をもって組織するとされ、会長は内閣総理大臣で、委員は、内閣から大蔵大臣、農林大臣、通商産業大臣、運輸大臣、建設大臣、国家公安委員会委員長、自治庁長官、経済企画庁長官の八名、衆議院議員のうちから衆議院の指名した者八名、参議院議員のうちから参議院の指名した者五名、学識経験がある者のうちから内閣総理大臣が任命する者八名以内とされた。すなわち、内閣から九名（三一％）、国会議員から一三名（四五％）、学識経験者から八名（二七％）という構成である。後に中央省庁再編に伴って、一九九九年に改正され、「審議会」が「会議」となり、二〇名に改められたが、国会議員が一〇名（衆議院議員六名、参議院議員四名、五〇％）、学識経験者一〇名以内（五〇％）と変更され、内閣からの委員は削除された。

（2）「道路族の幹部は『今回の改革は結局、何だったのか。猪瀬直樹さんの本が売れただけ』と笑ったという」。『毎日新聞』二〇〇四年一二月二三日。

（3）法案には、「この法律で『自動車道』及び『一般有料道路』とは、道路運送車両法（昭和二十六年法律第百八十三号）第二条第八項に規定する自動車道及び一般有料道路をいい、『道路』とは、『道路法』（昭和二十七年法律第百八十号）第二条第一項に規定する道路をいう」とされているが、法律一八三号は道路運送車両法ではなく、道路運送法であることから、道路運送法の間違いであると考えられる。

（4）昭和三〇年七月一五日衆議院建設委員会議事録より要約。

（5）『日本道路史』八九頁。

（6）同右、一七五―一七六頁。

（7）同右、九〇頁。

（8）第四三回国会衆議院建設委員会、一九六三（昭和三八）年七月四日。

（9）NHK報道局「道路公団」取材班『日本道路公団――借金30兆円の真相』日本放送出版協会、二〇〇五年、三三頁以降。

（10）同右、四〇―四二頁。

（11）資料「平成一二年度の営業中一般有料道路の道路別収支状況」、民営化推進委員会資料、第二回、論点関係資料五七。

（12）NHK報道局、前掲書、六三頁。

（13）同右、六二―七八頁。

（14）償還主義は、厳密にいえば、公平妥当主義と常に両立するとは限らない場合があると考えられる。たとえば、本四架橋や東京湾アクアラインなどは、建設費が高すぎるため、償還主義の原則をとることがきわめて難しいが、公正妥当主義の観点から料金を抑えれば償還はさらに困難になる。これらの場合には、どちらの原則も満たさないことになる。さらに、本四架橋などの全国プールに入らない道路については、「便益主義の原則」も規定されている。すなわち、料金の額が通行または利用により通常受ける利益の範囲を超えないという考え方である。公正妥当主義の一変形となるが、いずれにしてもこの原則を満たすことが困難である場合が多々存在する。

（15）道路審議会の中間答申については、『高速道路便覧』全国高速道路建設協議会、二〇〇七年、二三四頁。

（16）二〇〇二年度より国費投入は中止されることになったが、それまでは補給金とか出資金として、国費が一貫して投入されてきた。一九九二年度までは一〇〇〇億円未満であったが、それ以降は一九九八年度の四三〇〇億円を最高に、高水準が維持された。二〇〇〇年度、二〇〇一年度は三〇〇〇億円だったが、小泉首相のリーダーシップにより、それが中止されることになった（Ⅱ章参照）。

(17) 『朝日新聞』二〇〇三年六月三〇日。

(18) 『朝日新聞』二〇〇三年七月一二日。片山虎之助元総務相は、地元の三組合から一九九五年に資金管理団体「片山政経懇話会」に各三〇万円の献金を受け、二〇〇〇年には組合の関連会社から自民党岡山県参院選挙区第二支部（代表・片山虎之助）に五〇万円の献金を受けた。また、片山氏の妻は一九九七年から二〇〇三年五月末まで同協同組合の監事に就任し、月一一万―一三万円の役員報酬を受け、その総額は少なくとも七九〇万円になったという。また、橋本元首相は瀬戸内高速道路利用協同組合（岡山県倉敷市）など地元の二組合から八年間で計一七八万円の献金を受けた。中川秀直元官房長官は一九九五年から二〇〇三年一月まで、広島市の事業協同組合の関連会社から計三八八万円の献金を受けたという。

(19) 国土庁長官の答弁、一九八四（昭和五九）年二月二日、衆議院建設委員会。

## Ⅱ章

(1) 『朝日新聞』一九九四年一〇月一六日。

(2) 『朝日新聞』一九九五年二月一一日。

(3) 『朝日新聞』二〇〇一年一月二〇日。

(4) 『朝日新聞』二〇〇一年五月二五日。

(5) 『日本経済新聞』二〇〇一年五月二五日。

(6) 委員は、読売新聞の朝倉敏夫・論説委員長、フジテレビの船田宗男・報道局解説委員長、日本公認会計士協会の樫谷隆夫・常務理事、元総務庁行政監察局長の田中一昭・拓殖大学教授、作家の猪瀬直樹の五名である。

(7) 猪瀬直樹『道路の権力――道路公団民営化の攻防1000日』文藝春秋、二〇〇三年、二四頁。

(8) 『朝日新聞』二〇〇一年六月一八日。

(9) 『朝日新聞』二〇〇一年八月九日。

(10) 『朝日新聞』二〇〇一年八月一〇日。

(11) 猪瀬、前掲『道路の権力』四〇頁。

(12) 『朝日新聞』二〇〇一年一〇月一〇日。

(13)『朝日新聞』二〇〇一年一一月二日。
(14)『朝日新聞』二〇〇一年一一月一三日。
(15)『朝日新聞』二〇〇一年一一月一九日。
(16)『朝日新聞』二〇〇一年一一月二〇日。
(17)『朝日新聞』二〇〇一年一一月二七日。
(18)『朝日新聞』二〇〇二年一月二三日。
(19)『朝日新聞』二〇〇二年二月六日。
(20) 肩書きについては、第一回委員会の配付資料から引用した。
(21)『朝日新聞』二〇〇二年六月二二日。
(22) 民営化委員会については、巻末の参考文献一覧にあるように、多くの文献がある。また、下記ホームページにはすべての委員会議事録が掲載されている。http://www.kantei.go.jp/jp/singi/road/
委員会自体も公開されたが、公開されず、かつ重要な部分として委員会休憩時の話し合いがある。また時々秘密会が開かれたようだが、その全体像はわからない。秘密会は、「総理との話で、公開の場ではいえないことがある」(石原大臣)という理由で開かれたという。田中一昭『偽りの民営化 道路公団改革』ワック、二〇〇四年、一四三頁、参照。

また、こうした論点を忠実に追って、考察しているのが、角本良平『道路公団民営化——2006年実現のために』(流通経済大学出版会、二〇〇三年)である。中間整理後の議論の流れも、「反撃の九月」、「迷走の一〇月」、「不毛の一一月(前半)」などの項目で、説明されている。
(23) 民営化委員会議事録(二〇〇二年一一月三〇日)によれば、石原大臣はこの日の議論について、「七人の侍が身内で切り合って血を流したと総理に報告させていただきたいと思う事態になると思います」と発言している。
(24)『産経新聞』二〇〇二年一二月五日。
(25) 田中一昭、前掲『偽りの民営化』一七一頁。
(26)『日本経済新聞』二〇〇二年一二月五日。
(27) 例えば、東証の上場会社数は、二〇〇七年一二月二七日現在、第一部一七四九社、第二部四六七社、マザーズ一九八社、合計二四一四社にすぎない。
(28) 福井義高「道路公団改革をどう理解するか」、角本、前掲『道路公団民営化』所収、二一八頁。また、松下文洋『道路の経済学』講談社、二〇〇五年、参照。

(29) 宮川公男『高速道路 何が問題か』岩波書店、二〇〇四年、三九頁。

(30) 二〇〇六年四月放送のNHKスペシャル「『全線建設』はこうして決まった」では、中日本高速道路株式会社が自主的な判断で建設するかどうかの判断ができなかったことを取材したものであった。

(31) 意見書の資料三には、「役職員含めて一八五八人にのぼる四公団等のOBが三七六社に天下っていることが判明した。うち二八六社（OB受け入れ企業全体の七六％）には役員として七八九人の四公団等のOBが天下っている。さらに、一七七社（役員としてOBを受け入れた企業のうち六二％）については一七九人の四公団OBが代表権をもつ役員に就いている」と述べられている。

(32) 『朝日新聞』二〇〇二年一二月一七日。

(33) 『日本経済新聞』二〇〇二年一二月一七日。

(34) 次のような記事が掲載された（『朝日新聞』二〇〇三年六月九日）。

日本道路公団（JH）が民間企業並みの会計基準で作成した〇二年度の財務諸表が明らかになった。建設中の道路などのための支払金利や補償費などを道路資産に算入した結果、約五兆七〇〇〇億円の資産超過となっている。九日午後に発表する。

JHが作成した貸借対照表によると、開通済みの道路資産額は、減価償却（累計で約一〇兆四〇〇〇億円）を差し引くと二九兆一七四〇億円になった。これに建設途中の道路資産や現預金などを含めた資産総額は三四兆三〇一〇億円になった。一方、負債総額は二八兆五四三〇億円だった。

今回の財務諸表では、返済が前提となっている政府からの出資金二兆二八四〇億円は「資本金」に入れ、資産総額から負債総額と政府の出資金を引いた三兆四七三〇億円を、資本の部の「利益剰余金」としている。

(35) 『朝日新聞』二〇〇三年五月一六日。

(36) 田中一昭、前掲『偽りの民営化』プロローグ。

(37) この採算性に関する資料や第一回国土開発幹線自動車道建設会議の議案等については、次のホームページに掲載されている。http://www.mlit.go.jp/road/ir/ir-council/kansen/20031225.html

(38) 第一回国土開発幹線自動車道建設会議説明資料には、「3．今後の高速自動車国道の整備について【報告事項】」が含まれており、そこには「表-8　現計画と整備計画変更後の比較」という表があり、その中には新直轄六九九キロと書き込まれている。提案が変更されないことを当然としているとしても、決定前の配布資料に決定済みのことが記入されていることは、形式的な手続きだとしても、おかしいのではないかと感じる。変更されることをまったく想定していないわけであるから、このような会議が不要だと感じる一つの理由である。
(39)『朝日新聞』二〇〇四年二月二八日。
(40)猪瀬直樹『道路の決着』小学館、二〇〇六年、二二九―三〇頁。
(41)民営化推進委員会の猪瀬委員の請求に応じて道路公団が提出した資料。二〇〇五年二月四日の委員懇談会で配布の日本道路公団資料。
(42)二〇〇四年一一月五日の委員懇談会、道路公団資料。
(43)塩川財務相の発言については、猪瀬、前掲『道路の決着』二六六頁。なお、猪瀬委員は次のようにも述べている。「膿を出すプロセスそのものが民営化である。新聞が民営化とは経営形態のことだと勘違いしたのは、道路公団事務職員が仕掛けた巧みな罠にはまったせいである」(同書、二三六頁)。
(44)『朝日新聞』二〇〇五年七月七日。
(45)『朝日新聞』二〇〇六年二月一八日によれば、証人として出廷した元公団理事で横河ブリッジ元顧問の神田創造被告は捜査段階の供述を翻し、公団元幹部らが背任罪に問われた分割発注について「公団側に陳情していない」と一七日、東京高裁で述べたと報道された。
(46)公取委が改善措置を求めるのは、北海道岩見沢市、新潟県新潟市に次いで三例目である。
(47)『朝日新聞』二〇〇五年六月九日によれば、民主党の中川治衆院議員の資料請求を受け、国交省と道路公団が一一七日に各社に問い合わせた結果を、八日の衆院国土交通委員会で明らかにした。国交省から天下りした一九七人のうち、独占禁止法違反容疑で逮捕者が出た一一社への再就職は六九人。うち六人が役員を務めている。他の三一社では一五人が役員になっている。日本道路公団の退職者は四三人中七人が取締役に就任している。
(48)談合の幹事会社であった横河ブリッジの課徴金は、四四社の中で最も高い八億五四四〇万円とされ、そのほか宮地鉄工所の七億九六二六万円、川田工業七億七〇三六万円、ＪＦＥエンジニアリング七億五三九七万円、石川島播磨重工業七億一四七四万円などが続いた。
(49)『朝日新聞』二〇〇六年八月一日。

## Ⅲ章

(1)「行法」とは法を行うという意味で用いられていたが、三権分立を正確に示せば、権力の表現形態である「法」を「立てる」「行う」「司る」という三形態への区分であるから、「行法」となる。ただし、その後は行政という語が用いられた。詳

しくは、井出嘉憲『日本官僚制と行政文化』東京大学社会科学研究所研究叢書、東京大学出版会、一九八二年、参照。

(2) 田中好「明治時代の道路行政」『道路の改良』一二巻第一号所収、一九三〇年一月、二二六頁。

(3) 武井群嗣「道路法中改正私論」『道路の改良』一二巻第二号所収、一九三〇年二月、二五頁。

(4) 同右、二八頁。また武井は、「我が国には古来凡そ春秋二回づつ《ママ》、村中総出にて道普請に従事する慣習が行われて居たのであるから、道路法に於て地元工事地元負担の原則を確立することは、一は財源に悩む地方財政に当面して道路の維持修繕を為し進んでは其の改良を促進するの方途であるし、他は古来の慣行を復活して法上に之を公認することに依り公物愛護の淳風良俗を助長涵養する一助とも為るであらう」（同書、二九頁）と述べている。

(5) 渡辺洋三「河川法・道路法」『日本近代法発達史』第六巻所収、勁草書房、一九五九年、一五六頁。渡辺は、この「河港道路修築規則」における河川に関する規定に関して、「河川行政を国の事務として執行するという現行河川法体系の基礎を打ちたてた点でも、また一等河について現在の直轄工事制度の端緒をひらいた点でも、その後の河川行政に決定的影響を与える画期的なものだったのである」（同書、一三二頁）と述べている。

(6) 県道については、一等が「各県を接続し及鎮台より各分営に達するもの」、二等が「各府県本庁より其支庁に達するもの」、三等が「著名の区より都府に達し或は其区に往還すへき便宜の海港等に達するもの」とされ、さらに里道は一等が「彼此の数区を貫通し或は甲区より乙区に達するもの」、二等が「用水堤防牧畜坑山製造所等のため該区人民の協議に依て別段に設くるもの」、三等が「神社仏閣及田畑耕耘の為に設くるもの」と規定された。

(7) 田中好、前掲「明治時代の道路行政」二二四頁。

(8) 高木鉦作『住民自治の権利』法律文化社、一九七三年、九頁。

(9) 福島事件とは、一八八二年の福島県令三島通庸と福島県会を中心とした自由民権派との闘争を指し、河野広中ら自由民権派の幹部が国事犯人として重刑を科された事件である。三島は、三方道路と呼ばれる軍事上重要な道路の開設を住民の「夫役」（無償労働）によって強行しようとしたが、福島県会、自由党は広範な農民の支持をうけて反対した。詳しくは、大石嘉一郎『日本地方財行政史序説』（御茶の水書房、一九六一年、二四八頁以下参照。

(10) 法案の審議については、『第四十一回帝国議会　衆議院議事速記録大正七年』国会図書館。

(11) 『第四十一回帝国議会　貴族院議事速記録大正七年』国会図書館。

(12) 一〇項目とは、国道以外の路線の認定（五二条一号）、道路の区域の決定（同二号）、新設・改築（同三号）、工事の執行・維持（同四号）、管理者以外の行う工事等の許可・承認（同五号）、附帯工事の執行（同六号）、管理者の行う有料の橋・渡船私設の設置（同七号）、占用の許可・占用料の徴収（同八号）、原因者負担等の特別の負担をなすこと（同九号）、法令等の規定に違反した場合の処分（同一〇号）である。
(13) 佐上信一「新道路法ノ特色」一二四五—一二四六頁。
(14) 山本弘文「道路輸送」三六〇頁。
(15) 渡辺、前掲論文、一五七頁。
(16) 高木鉦作「都市計画法」『日本近代法発達史』第八巻所収、一三九頁参照。
(17) 渡辺、前掲論文、一五九頁。
(18) 改正された条文は、次の通りである。「主務大臣必要アリト認ムルトキハ国道ノ新設又ハ改築ヲ為スコトヲ得。此ノ場合ニ於テ道路管理者ノ権限ハ命令ノ定ムル所ニ依リ主務大臣之ヲ行フ」（旧道路法二〇条二項）。
(19) 五・一五事件により犬養内閣が倒壊したため、次の斉藤内閣の成立まで、この計画は持ち越されることとなった（『内務省史』三巻、一二一頁）。
(20)『行政裁判所判決録二四』一九一三（大正二）年、一一七六—一一八二頁。
(21) 池田宏「道路ハ国ノ営造物ナリ」『京都法学会雑誌』九巻九—一〇号所収、一九一四年九月・一〇月、二一五三—三二六七頁（九号）、一三三七—一三三九〇頁（一〇号）。
(22) 織田萬「営造物ノ所属」『京都法学会雑誌』一〇巻七号所収、一九一五年、一五一〇—一五二〇頁。
(23) 美濃部達吉「本邦道路法一班」『国家学会雑誌』三〇巻一・三号、一九一六年一・三月一—一七頁（一号）、四三五—四四六頁（三号）。
(24) 水野錬太郎「道路制度」『法学協会雑誌』三二巻九号、一九一四年九月。
(25) 清水登「道路ノ使用ニ就テ」『法学志林』一六巻二号、一九一四年二月。
(26) 池田は第二の論考「営造物ノ所属論ニ就テ」において、水野の見解を引き合いに出し、自己の見解と同一であることを強調していることからも、第一の論考の段階では、水野論文を参照していないと考えられる（一五四一頁）。
(27) 池田宏「営造物ノ所属論ニ就テ」『京都法学会雑誌』一一巻一〇—一一号所収、一九一六年一〇・一一月、一五四一—一五五二頁（一〇号）、一七二六—一七三四頁（一一号）。
(28) 織田萬「道路ノ所属」『法学論叢』（旧京都法学会雑誌）、二巻二号所収、一九二〇年、一五九一—一七七頁。
(29) 武井群嗣「道路法中改正私論」『道路の改良』一二巻二号、一九三〇年二月。なお、武井には、この論文のほか、「国の為すべき土木事業の限界」『自治研究』五巻一号所収、一九三〇年一月、「私設公道論」『道路の改良』一三巻一号所収、一九三一年一月、などがある。

(30) 田中好「武井君の道路法改正私論を読む」『道路の改良』一二巻三号所収、一九三〇年三月。このほか、「道路法改正私論」『道路の改良』一六巻三―四号、一九三四年三・四月、がある。また、「路政の研究」『道路の改良』一二巻八号、一九三〇年八月、および「明治四年太政官布告第六四八号論」『道路の改良』一一巻五号、一九二九年五月、を参考にする。

(31) 坂口軍司「地方自治と道路の管理制度」『都市問題』一八巻六号所収、一九二七年六月。坂口についても、「道路行政の発達過程」『道路の改良』一六巻六号、一九三四年六月、を参考にする。

(32) 田中好、前掲「道路法改正私論」二六頁。

(33) 織田、前掲「道路ノ所属」一七三―一七四頁。

(34) 高木、前掲『住民自治の権利』一九七三年、九頁。

(35)『日本道路史』八〇頁。

(36) 国会会議録検索システム、第一三回国会建設委員会、第二一号、昭和二七年四月一七日。http://kokkai.ndl.go.jp/SENTAKU/syugiin/013/0120/main.html

(37) 第一三回国会、衆議院建設委員会、二二号、一九五二年四月二二日。

(38)『日本道路史』八六頁。

## Ⅳ章

(1)『道路行政』二七七頁。なお、「幹線道路でも自動車が満足にすれちがえる道路は半分しかない」ことについて、「一般国道・都道府県道の実延長は約一八万キロ（全道路延長の一六％）であるが、全道路交通量の約七二％の交通量を受けもっている。しかしながら整備状況をみるとまだ車が満足にすれちがえない車道幅員五・五メートル未満の道路がほぼ三分の一の約四九、〇〇〇キロ、自動車通行の不可能な区間が約一、九〇〇キロもあり、更に冬期に自動車が通れなくなる区間が約五、三〇〇キロある」と述べられている。

(2) 田中二郎『土地法』一九六〇年、有斐閣、五四頁。

(3) 道路行政の範囲について、今村都南雄は、道路行政機構が先にあって、道路行政が決まるとして、次のように述べている。「『道路行政』なる概念が、はじめから、一種の組織象徴として作用していることを意味する。行政活動の対象や機能的特性にもとづいて『道路行政』が他の行政活動から分離され抽出されるのではなく、『道路行政機構』が先に定められて、その機構が行うのが『道路行政』だとされ、所管外の道路の建設・管理は、別個の各種実体行政の一環をなすものと見なされてしまうのである」（今村、一九八五年、三三六頁）。

(4) 土地収用委員会にかかわった行政学者、足立忠夫は、その著書『土地収用制度の問題点』(日本評論社、一九九一年)で、「現行の制度は、主として行政機関であるが、土地を収用する側にとって極めて有利に、そして土地を収用される市民の側にとっては極めて不利に作用するように、仕組まれ運用されている」と述べている(同、二一―二三頁)。

(5) 入札をどのように改革するのかについては、現在も進行中の課題である。二〇〇六年末には三名の知事が逮捕され、自治体における入札改革が喫緊の課題となった。

(6) 『日経コンストラクション』二〇〇七年八月二四日号、四四頁。

(7) 道路行政マネジメント研究会は、二〇〇三年度より本格的に導入を図るアウトカム指標等を用いた道路行政マネジメントの手法等について具体的に検討するため、道路局長の私的研究会として設置されたという。国土交通省のホームページには、道路行政マネジメントについて、詳しく示されている。以下のURLを参照。http://www.mlit.go.jp/road/management/(二〇〇八年五月二三日)

なお、研究会は、第三回(二〇〇三年六月一三日)で「新たな道路行政マネジメントのあり方に関する提言」をとりまとめ、その後第四回が二〇〇三年一〇月一四日に行われ、翌二〇〇四年に第五回(八月二日)、第六回(一一月一六日)が開かれ、二〇〇五年は第七回(七月二六日)、二〇〇六年三月一四日に第八回が開催されたところまで掲載されている。しかしながら、第八回を欠席された研究会の委員長・古川俊一はその翌月に急逝した。そのこともあってか、第九回は同年五―六月に開催されるという予定が第八回の資料にあったが、開催されていない。

しかしながら、国土交通省関東地方整備局に、「新しい道路行政マネジメントを実践する委員会」という名称の委員会が設置され、二〇〇五年一一月二五日に第一回の研究会が開催された。委員は旧委員会から二名が重複しているが、他の五名は新しい委員である。ここでの議論は、いかにして道路行政マネジメントを実践に結びつけるかということであると思われる。

(8) 社会資本整備審議会令(平成一二年六月七日政令第二九九号)で設置され、委員は三〇人以内とされている。従来の中央建設業審議会、道路審議会、公共用地審議会、河川審議会、歴史的風土審議会、都市計画中央審議会、住宅宅地審議会、建築審議会、国土開発幹線自動車道建設審議会の九審議会を一本化したものだが、公共用地分科会、産業分科会、住宅宅地分科会、都市計画・歴史的風土分科会、河川分科会、道路分科会、建築分科会の七分科会がおかれている。二〇〇一年二月二七日に第一回の会議が開催された。

(9) NPMは、New Public Management の略語で、新しい公共管理と訳されることが多いが、一九九〇年代以降のイギリスで広がり始め、九〇年代後半から日本でも使われるようになった。PDCAという経営的な観念の導入や人事・給与などへの成果主義の導入、事前統制から事後統制へなどの要素を行政に取り込もうとした考え方や運動を指す。
(10)『道路行政』一七頁。
(11)国会会議録、衆議院／建設・大蔵委員会連合審査会、一九五三(昭和二八)年六月二四日。
(12)『日本経済新聞』一九八二年二月一二日。
(13)『朝日新聞』二〇〇一年一二月六日。
(14)『朝日新聞』二〇〇二年四月二四日。
(15)『朝日新聞』二〇〇二年一〇月七日。
(16)『朝日新聞』二〇〇六年一二月五日。
(17)『朝日新聞』二〇〇七年一〇月三〇日。
(18)『朝日新聞』二〇〇七年一一月一二日。
(19)『朝日新聞』二〇〇七年一一月一四日。
(20)『日本道路史』二八四頁。
(21)『道路行政』三六六頁。ここには第二次から第一二次までの改訂理由が掲載されている。
(22)同右、三一〇頁。
(23)同右、三一一頁。
(24)同右、三一二頁。
(25)同右、三一三頁。
(26)同右、三一四頁。
(27)国会会議録第二八回、衆議院建設委員会、一九五八年二月二七日八号。
(28)『朝日新聞』一九九四年三月一四日によれば、埼玉土曜会事件に関連して逮捕された中村喜四郎元建設大臣は、地元茨城県の国道昇格に関連して、「沿線の自治体首長が、自派系列ではなかったため」とか、投票結果で自分への票が少なかったなどの理由で、国道昇格に反対し、その結果国道にならなかったことがあるという。
(29)『朝日新聞』二〇〇七年一二月七日。
(30)具体的には、四九二号線、香川県高松市～高知県長岡郡大豊町(一六七・四キロ)、四九三号線、高知県高知市～高知県安芸郡東洋町(九八・八キロ)、四九四号線、愛媛県松山市～高知県須崎市(一二〇・九キロ)である。

## V章

（1）道路に関する満足度については、http://www.mlit.go.jp/road/ir/ir-user/ir-user.html（二〇〇八年五月二三日）に掲載されている。道路の評価でも取り上げるが、「非常に満足」から「非常に不満」までを五段階で評価し、五点満点の満足度を算出しているという。もう少し正確にいうと、非常に満足が五点、やや満足が四点、どちらともいえないが三点、やや不満が二点、非常に不満が一点、ということなのであろう。二〇〇四年度の結果として、「満足度は、五点満点中二・七点となり、二年間横ばいであった二・六点から上昇に転じ」たと説明されている。

（2）西尾勝によれば、「これまで当該機関委任事務が都道府県の執行機関に委任されていたものは都道府県の、市区町村の執行機関に委任されていたものは市区町村の事務とすることとし、これを『現住所主義』と称した。機関委任事務は『国の事務』であったので、これらの事務の本籍は国、委任先の都道府県または市区町村が現住所のごときものと考えての命名であった」（西尾、前掲『地方分権改革』五九頁）。

（3）『朝日新聞』一九九八年六月二〇日。

（4）道路については、次のように述べられている。すなわち、①「国道の範囲を、原則として高速自動車国道及び旧一級国道である一号線から国道五八号線に限定し、それ以外の国道については地方道とすべきではないか」、②「直轄事業及び直轄公物の範囲についても、同様に原則として高速自動車国道及び国道一号線から国道五八号線に限定すべきではないか」としている。この二点は提案であるが、この提案が実現すると、直轄事業と直轄公物の範囲が同一となるため、③「現在の指定区間制度は廃止すべきではないか」としている。

（5）西尾、前掲『地方分権改革』九六頁。この第五次勧告の経緯については、西尾、前掲『未完の分権改革』二一八―二二三頁、にも詳しく説明されている。

（6）「公共事業」とはそもそも予算の括り方の一つであり、建設省・運輸省・農林水産省などの建設工事をまとめた概念である。したがって、ここに含まれない文部省や通産省の建設工事は「非公共事業」と呼ばれた。

（7）西尾、前掲『未完の分権改革』一八五頁。

（8）例えば、一〇〇台の車が一万キロ（マイカー利用者の約一年間の走行距離）走ると、そこに一・〇八回の死傷事故が発生する可能性があるというような説明である。

（9）道路利用者の満足度については、注（1）を参照せよ。

（10）関東地方整備局の「新しい道路行政マネジメントを実践する委員会」については、次のURLを参照。http://www.

ktr.mlit.go.jp/kyoku/road/new_manage/（二〇〇八年五月二三日）。

(11) 東京都市町村自治調査会の「市町村における政策評価研究会」では、一九九八年から三年間にわたる継続的な研究を行った。三年度目は、東京都昭島市を事例に、実践的な政策評価を実施した。その後、東京都中野区で「外部評価委員会」の委員長を二〇〇二－二〇〇四年の三年間にわたって引き受けた。さらに、東京都豊島区で二〇〇五年度の「外部評価委員会」の委員長を引き受けた。また、外務省の政策評価アドバイザリーグループのメンバーとして、二〇〇三年一二月の設立から二〇〇五年度までかかわった。

(12) ＮＨＫ報道局、前掲書、一〇一頁。

## ［参考文献］


浅村廉監修、道路行政研究会著『伸びゆく道路――その法制と財政のうつりかわり』全国加除法令出版、一九六八年

足立忠夫『土地収用制度の問題点』日本評論社、一九九一年

池田宏「道路ハ国ノ営造物ナリ」『京都法学会雑誌』九巻九号・一〇号所収、一九一四年九月・一〇月

池田宏「営造物ノ所属論ニ就テ」『京都法学会雑誌』一一巻一〇号・一一号所収、一九一六年一〇月・一一月

井出嘉憲『日本官僚制と行政文化』東京大学出版会、一九八二年

猪瀬直樹『道路の権力――道路公団民営化の攻防１０００日』文藝春秋、二〇〇三年

猪瀬直樹『道路の決着』小学館、二〇〇六年

伊吹山四郎・多田宏行・毛利正光『道路』彰国社、一九八一年

今村都南雄「道路行政」総務庁長官官房総務課編『行政活動の基本構造――行政作用の本質と機能に関する調査研究』（下巻）所収、（財）行政管理研究センター、一九八五年

今村都南雄『官庁セクショナリズム』東京大学出版会、二〇〇六年

岩村忍『シルクロード――東西文化の溶炉』ＮＨＫ、一九六六年

宇沢弘文『自動車の社会的費用』岩波書店、一九七四年

内山融『小泉政権――「パトスの首相」は何を変えたのか』中央公論新社、二〇〇七年

江崎美枝子他『公共事業と市民参加――東京外郭環状道路のＰＩを検証する』学芸出版社、二〇〇七年

ＮＨＫ報道局「道路公団」取材班『日本道路公団――借金30兆円の真相』日本放送出版協会、二〇〇五年

大石嘉一郎『日本地方財行政史序説』御茶の水書房、一九六一年

大島太郎「日本の統治構造」辻清明他編『行政学講座第二巻　行政の歴史』所収、東京大学出版会、一九七六年

大森彌『官のシステム』東京大学出版会、二〇〇六年

織田萬「営造物ノ所属」『京都法学会雑誌』一〇巻七号、一九一五年七月

織田萬「道路ノ所属」『法学論叢』二巻二号、一九二〇年二月

ジェラルド・カーティス、石川真澄『土建国家ニッポン』光文社、一九八三年
角本良平『鉄道と自動車』日本経済新聞社、一九六八年
角本良平『都市交通政策論』有斐閣、一九七五年
角本良平『道路公団民営化――2006年実現のために』流通経済大学出版会、二〇〇三年
加瀬和俊『戦前日本の失業対策――救済型公共土木事業の史的分析』日本経済評論社、一九九八年
加藤一明「公共政策」辻清明他編『行政学講座第五巻 行政と環境』所収、東京大学出版会、一九七六年
上岡直見『市民のための道路学』緑風出版、二〇〇四年
菊池慎三『都市計画と道路行政』崇文堂出版部、一九二八年
木下冠吾「災害対策の面からみた道路の問題点」『都市問題』五三巻二号、一九六二年二月
建設行政研究会『建設（I）』（現代行政全集16）、ぎょうせい、一九八五年
建設省編『昭和五一年版 建設白書――試練を超えて豊かな国づくりを』大蔵省印刷局、一九七六年
合意形成手法に関する研究会編『欧米の道づくりとパブリック・インボルブメント』ぎょうせい、二〇〇一年
交通工学研究会『コミュニティ・ゾーンの評価と今後の地区交通安全』丸善出版事業部、二〇〇四年
交通評論家集団編『過剰モータリゼーションを考える――クルマ社会への反省』有斐閣、一九七五年
児玉幸多編『日本交通史』吉川弘文館、一九九二年
小松功『日本の道路行政――現状と問題点』改訂一九七五年版、日刊道路通信社、一九七四年
今野源八郎『アメリカ道路交通発達論――政策史的研究』東京大学出版会、一九五九年
坂口軍司「地方自治と道路の管理」『都市問題』一八巻六号、一九二七年六月
坂口軍司「道路行政の発達過程」『道路の改良』一六巻六号、一九三四年六月
佐上信一「新道路法ノ特色」『法学協会雑誌』三八巻一〇―一一号、一九二〇年一〇月
佐上信一「我国道路政策ノ確立」『国家学会雑誌』三四巻一〇―一一号、三五巻四―六号、一九二〇年一〇月―一一月、一九二一年四月―六月
櫻井よしこ『権力の道化』新潮社、二〇〇四年
佐藤九郎「道路工事の調整と道路管理の問題点」『都市問題』四九巻八号、一九五八年八月

佐藤清『道との出会い――道を歩き、道を考える』山海堂、一九九一年
四方洋『ゆえに、高速道路は必要だ』毎日新聞社、二〇〇三年
事業評価研究会編『道路事業の評価――評価手法の解説』ぎょうせい、一九九八年
柴田徳衛・中西啓之『クルマと道路の経済学』大月書店、一九九九年
清水草一『この高速はいらない。――高速道路構造改革私案』三推社、二〇〇二年
清水登「道路ノ使用ニ就テ」『法学志林』一六巻二号、一九一四年二月
市民参画型道路計画プロセス研究会編、屋井鉄雄、前川秀和監修『市民参画の道づくり』ぎょうせい、二〇〇四年
ヘルマン・シュライバー、関楠生訳『道の文化史――一つの交響曲』岩波書店、一九六二年
新藤宗幸『財政投融資』東京大学出版会、二〇〇六年
鈴木敏『道の環境学』技報堂出版、二〇〇〇年
鈴木信太郎『道のユニバーサルデザイン――誰だって街を歩きたい』技報堂出版、二〇〇六年
ポール・M・スウィージー「自動車と都市」『都市問題』五三巻二号、一九六二年二月
諏訪雄三『道路公団民営化を嗤う――これは改革ではなく成敗である』新評論、二〇〇四年
全国高速道路建設協議会編『高速道路便覧二〇〇七』全国高速道路建設協議会、二〇〇七年
総務庁行政監察局編『高速自動車国道等の管理運営に関する現状と問題点』大蔵省印刷局、一九八六年
総務庁行政監察局編『道路行政の現状と問題点』大蔵省印刷局、一九九一年
大霞会内務省史編集委員会編『内務省史』三巻、原書房、一九八〇年
高木鉦作「都市計画法」『日本近代法発達史』八巻所収、勁草書房、一九五九年
高木鉦作『住民自治の権利』法律文化社、一九七三年
高橋清『道路の経済学――ひとつの日本経済の顔』東洋経済新報社、一九六七年
高橋清「地域と道路」『ジュリスト増刊総合特集№2　現代日本の交通問題』所収、有斐閣、一九七五年
武井群嗣「国の為すべき土木事務の限界」『自治研究』五巻一号、一九三〇年一月

武井群嗣「道路法中改正私論」『道路の改良』一二巻二号、一九三〇年二月
武井群嗣「私設公道論」『道路の改良』一三巻一号、一九三一年一月
竹中治堅『首相支配――日本政治の変貌』中央公論新社、二〇〇六年
武部健一『道Ⅰ』『道Ⅱ』法政大学出版局、二〇〇三年
田中一昭『偽りの民営化　道路公団改革』ワック、二〇〇四年
田中好「明治四年太政官布告第六四八号論」『道路の改良』一一巻五号、一九二九年五月
田中好「明治の道路行政」『道路の改良』一二巻一号、一九三〇年一月
田中好「武井君の道路法改正私論を読む」『道路の改良』一二巻三号、一九三〇年三月
田中好「路政の研究」『道路の改良』一二巻八号、一九三〇年八月
田中好「道路法改正私論」『道路の改良』一六巻三―四号、一九三四年三・四月
田中好『道路行政』鉄道交通全書一五、一九三六年
田中二郎『土地法』法律学全集一五、有斐閣、一九六〇年
田村明「都市装置と市民生活」『現代都市政策8　都市の装置』所収、岩波書店、一九七三年
田村浩一「道路の管理と利用関係――その法制上の問題点について」『都市問題』五三巻二号、一九六二年二月
辻清明『行政学概論』東京大学出版会、一九六六年
辻清明『日本の地方自治』岩波書店、一九七六年
東京大学総合研究会編『東京大学公開講座　交通と生活』東京大学出版会、一九六五年
東京都企画調整局計画部『東京都中期計画――一九七二年』一九七三年
道路管理瑕疵研究会編『道路管理瑕疵判例要旨集』ぎょうせい、一九九二年
道路管理瑕疵研究会編『道路管理瑕疵判例ハンドブック』ぎょうせい、二〇〇三年
道路行政研究会編『道路行政　平成一八年版』全国道路利用者会議、二〇〇七年（注で『道路行政』と略記）
道路法令研究会編『道路管理の手引』（第三次改訂）、ぎょうせい、二〇〇〇年
長洲一二「道路の政治学」『世界』一九六四年三月号
中西健一・廣岡治哉『日本の交通問題――交通経済の構造と動態』ミネルヴァ書房、一九七三年

長峯純一・片山泰輔編著『公共投資と道路政策』勁草書房、二〇〇一年
西尾勝『未完の分権改革――霞が関官僚と格闘した一三〇〇日』岩波書店、一九九九年
西尾勝「第10章　建設管理行政――道路」『行政の活動』有斐閣、二〇〇〇年
西尾勝『地方分権改革』東京大学出版会、二〇〇七年
日経コンストラクション編、川勝平太監修『環状道路の時代』日経BP社、二〇〇六年
日経ビジネス『藤井治芳伝――道路膨張の戦後史』日経BP社、二〇〇三年
日本道路協会編『日本道路協会25年の歩み』日本道路協会、一九七二年
日本道路協会『日本道路史』日本道路協会、一九七七年（注で『日本道路史』と略記）
日本道路協会他『世界の道路統計』各年版
日本道路協会日本道路史編纂委員会編『日本道路史年表』日本道路協会、一九七二年
原科幸彦編著『市民参加と合意形成――都市と環境の計画づくり』学芸出版社、二〇〇五年
廣岡治哉編著『現代交通の理論と政策』日本評論社、一九七五年
廣岡治哉編『近代日本交通史――明治維新から第二次大戦まで』法政大学出版局、一九八七年
廣岡治哉編『都市と交通――グローバルに学ぶ』成山堂書店、一九九八年
コーリン・ブキャナン他、八十島義之助、井上孝訳『都市の自動車交通』鹿島研究所出版会、一九六五年
藤井彌太郎・中条潮編『現代交通政策』東京大学出版会、一九九二年
前田光嘉『建設関係法1――新コンメンタール』日本評論社、一九六七年
前田義信『交通学要論』現代経済学全集14、ミネルヴァ書房、一九七三年
松下文洋『道路の経済学』講談社、二〇〇五年
松好貞夫・安藤良雄編著『日本輸送史』日本評論社、一九七一年
御厨貴『ニヒリズムの宰相　小泉純一郎論』PHP研究所、二〇〇六年
水野錬太郎「道路制度」『法学協会雑誌』三二巻九号、一九一四年九月
美濃部達吉「本邦道路法一班」『国家学会雑誌』三〇巻一・三号、一―一七頁（一号）、四三五―四四六頁（三号）、一九一六（大正五）年一・三月

三橋信一・青木義雄『逐条道路関係法規――その解釈と運用』全国加除法令出版、一九六〇年
宮川公男『高速道路 何が問題か』岩波書店、二〇〇四年
宮本憲一『くるま社会』旬報社、二〇〇三年
武藤博己『イギリス道路行政史』東京大学出版会、一九九五年
武藤博己監修『社会資本投資の費用・効果分析法――東京湾アクアライン・常磐新線評価の実際』東洋経済新報社、一九九八年
武藤博己『入札改革――談合社会を変える』岩波書店、二〇〇三年
武藤博己『自治体の入札改革』イマジン出版、二〇〇六年
文世一『交通混雑の理論と政策――時間・都市空間・ネットワーク』東洋経済新報社、二〇〇五年
明治文化研究会編『明治文化全集』日本評論社、一九二八年
八十島義之助編『都市と交通 都市交通講座1』、鹿島研究所出版会、一九七〇年
矢野浩一郎『現代地方行政講座1巻 土木建設行政』ぎょうせい、一九八〇年
山田宗睦他『道の文化』講談社、一九七九年
山本弘文「道路輸送」松好他編『日本輸送史』所収、一九七一年
山本弘文『維新期の街道と輸送』法政大学出版局、一九七二年
山本弘文編『交通・運輸の発達と技術革新――歴史的考察』国際連合大学・東京大学出版会、一九八六年
屋山太郎『道路公団民営化の内幕――なぜ改革は失敗したのか』PHP研究所、二〇〇四年
湯川利和『マイカー亡国論』三一書房、一九六八年
渡辺洋三「河川法・道路法」『日本近代法発達史』第六巻所収、勁草書房、一九五九年

# あとがき

道路とは、「人や車両の交通のために設けた地上の通路」であるが、道路を利用する際は一般的には何らかの目的地があり、そこに行くための手段として道路が利用されると考えられる。古代から、通商や巡礼、戦争、統治、あるいは観光などの目的で、多くの人間が道路を旅したであろう。だからこそ古代から道路が存在し利用され、人間の歴史をかたち作ってきた。さらに、近代以降になって交通手段が発達し、多様化し、そして現代に至ってさらに高度化した結果、人々の旅はますます増大したし、今後も増大するであろう。交通が減少したのは、戦争やオイル・ショックなどの事件の際だけであった。だが他方で、近代以前は、大多数の人間が生まれた地にとどまり、そこで一生を終えるということが一般的であったと思う。だから流罪や追放刑は相対的に重い罪であったのだろう。

こうした人間の交通史という観点から考えると、近代以前は道路を旅すること自体が目的とされたことはなかったといえよう。この歴史を転換し、道路を旅すること自体が楽しみであることを発見した最初の人々は自転車利用者（サイクリスト）であった。自転車が今日のような形になったのは、一八世紀の後半であるが、チェーンによって後輪を回転させるという効率的な駆動技術が発明され、路面からの衝撃を吸収するための空気圧を利用したゴムタイヤが開発され、装着された。こうして快適性を増した自転車が、田園地帯の中のまだ舗装されていない道路を走っているという光景は、一八世紀末から二〇世紀初頭にかけてのイギリスでみられるものであった。まだ自動車に道路が独占される前の時代である。やがてイギリスのサイクリスト達は、快適に走るために道路の改良運動に取り組み、道路改良協会を設立して、道路舗装の推進に取り組んだ。道路改良の一つの転換点としてサイクリストがかかわっていたのである。

自転車旅行が趣味であった私は、拙書『イギリス道路行政史』の作業中に、ウェッブ夫妻の著書にこのような記述を発見して大いに感動した。私が道路行政を研究テーマとして選択した理由のひとつがここにある。すなわち、自転車にとって道路の状態はすこぶる重大な問題であり、自転車に長く乗れば、必ず道路行政について思いを巡らすことになる。そこから私の関心も道路行政の研究に移っていった。修士論文のテーマは「道路行政に関する一考察——第二次世界大戦前の道路管理制度を中心として」であった。これが本書のⅢ章の原型となっている。静態的な戦前の道路行政を躍動させた論争の発見は、修士論文の成果であった。未発表のこの修士論文が三〇年の時を経て、日の目をみることになった。

本書の構成は、当初の構成とは大きく異なってしまった。この叢書の企画が最初に出てきた九〇年代の半ばは、公共事業が問題とされていたこともあり、テーマは公共事業とした。ところが企画が中断している間に、日本道路公団の民営化問題が大きく取り上げられたりしたこともあり、道路行政に絞ることにした。私の個人的関心もそこにあった。ではどのような切り口で道路行政を扱うのか。この問題に対しては、道路行政に関する重要な側面、例えば道路計画と道路財源、道路の管理、高速道路の経営、道路と物流、生活をとりまく道路、などの項目を取り出して、道路をめぐる政治学、行政学、経営学、経済学などの視点を入れて章ごとに論じるつもりであった。ところが、実際に執筆を始めてみると、そうした他の分野の視点を採り入れて考察することは筆者の能力では限界があり、構成を全面的に変更する必要が出てきた。

そこで、まずは国民的関心の高い高速道路について、その歴史（Ⅰ章）と民営化（Ⅱ章）について記述し、ついで一般道路の歴史（Ⅲ章）と道路の管理（Ⅳ章）へと進み、最後に今日的な論点（Ⅴ章）を考察するという構成になった。章の順番についても検討したが、結局、この形になった。

執筆の時間が作れたのは、二〇〇六年九月から一年間の在外研究のチャンスに恵まれたからであった。事前に文献資料をロンドンに送付し、ロンドンでの執筆であった。一九八〇年代末の留学の際には、衛星版の新聞でしか最新情報が得られなかったが、今日ではインターネットの発達により、日本にいるのとほとんど違わないほどの情報が得られる。むしろインターネットを活用すれば、日本にいる以上に刻々とニュースを追うことも可能である。さらに、二〇〇七年九月から法政大学ヨーロッパ研究センター副所長としてのロンドン滞在が七ヵ月間延長となり、単身赴任であったため、さらに時間的ゆとりができ、二〇〇七年末に本書の原稿が完成した。

しかしながら、まさにちょうどその頃、道路行政が特定財源問題に関連して連日報道されるという事態に至り、初校段階でも動いていた。字数をオーバーしていたため、本文を削りつつ、新たな展開を書き加えるという綱渡りのような作業を行った。いつまで続くのか、実は心配であったが、二〇〇八年五月上旬の段階で一段落し、首相の一般財源化宣言がどのように実現されるのかが、当面の残された政治課題となった。

本書で扱えなかった残された課題としては、多様な問題を認識している。なかでもV章で追加したかった論点として、道路建設の合意形成がある。ＰＩ（パブリック・インボルブメント）といわれる比較的新しい手法が導入されたこともあり、加える予定であったが、この背景として一九六〇年代以来続いている道路建設反対運動があり、それを記述すると大幅に字数を超えることから、断念した。今後の課題である。

また、道路交通の問題にどこまでかかわるかも、大きな問題である。行政の縦割りからいえば、道路行政と道路交通はほとんど無関係であるが、市民の立場からは交通問題と道路行政を切り離すことは困難である。しかしながら、所管が違うと行政資料も異なってくることから、研究としては困難な状況が多々存在する。イギリスで特徴的な交差点であるラウンダバウト（円形の交差点）などを扱うとすれば、交通行政と道路行政を統合する視点がないと、適切な考察ができないであろう。この点も今後の課題であるが、イギリスとの比較という課題も残っている。

本書の初校が出る前に、学部のゼミと大学院のゼミで原稿を読んでもらった。学部ゼミ生からのコメントにより、Ⅲ章のカタカナ文字をひらがなに直すなどの訂正を行った。大学院生からも気づかなかった思い違いなど、貴重なコメントをもらうことができた。読み易くなった点があるとすれば、こうしたコメントのおかげであり、心より感謝の意を表したい。もちろん、まだミスは残っていると思うが、それは私の責任である。

本書が刊行できたのは、斉藤美潮さんを初めとする東京大学出版会の方々の丹念な作業によることはいうまでもない。さすがに編集・校正の専門家であり、いろいろとご指摘いただいた。心より感謝申し上げたい。妻の聡美にも校正を手伝ってもらった。妻にしか見抜けなかった間違いもあった。心より感謝の意を表したい。

二〇〇八年六月

武藤　博己

# 索　　引

## サ　行

## ナ　行



## ハ　行

## マ　行



## ヤ　行



## ラ　行



## ワ　行

**著者略歴**
1950年　群馬県に生れる
1975年　法政大学法学部政治学科卒業
1977年　国際基督教大学大学院行政学研究科博士前期課程修了
1984年　（財）行政管理研究センター研究員
1985年　国際基督教大学大学院行政学研究科博士後期課程修了，学術博士（Ph. D.）法政大学法学部政治学科助教授
1989年　法政大学法学部政治学科教授
現　在　法政大学大学院政策創造科教授

**主要著書**
『イギリス道路行政史』（東京大学出版会，1995年）
『ホーンブック行政学　改訂版』（共著，北樹出版，1999年）
『政策形成・政策法務・政策評価』（編著，東京法令出版，2000年）
『分権社会と協働』（編著，ぎょうせい，2001年）
『入札改革』岩波書店，2003年
『自治体経営改革』（編著，ぎょうせい，2004年）
『ホーンブック基礎行政学』（共著，北樹出版，2006年）
『自治体の入札改革』（イマジン出版，2006年）
『自治体職員制度の設計』（編著，公人社，2007年）

行政学叢書 10　道路行政

2008年7月22日　初　版

［検印廃止］

著　者　武藤博己《むとうひろみ》

発行所　財団法人　東京大学出版会
代 表 者　岡本和夫
113-8654 東京都文京区本郷7 東大構内
電話03-3811-8814・振替00160-6-59964
http://www.utp.or.jp/

印刷所　株式会社理想社
製本所　牧製本印刷株式会社


ISBN 978-4-13-034240-7　Printed in Japan